글 · 사진 윤주복 | 그림 류은형

진선아이

머리말

우리 주변에는 많은 식물이 살고 있습니다. 우리나라에서는 4천여 종의 식물이 살고 있으며 지구 전체에는 20만 종이 넘는다고 해요. 식물의 종류가 많다 보니 생김새가 비슷해서 구별이 어려운 식물도 많습니다.

비슷한 식물을 구별하려면 서로 비슷한 점과 다른 점을 찾아보면 도움이 됩니다. 이런 공통점과 차이점을 찾는 것을 '비교'라고 하는데, 비교는 대상을 구별하는 가장 기본적인 활동으로 사물을 구별하는 능력을 길러 줍니다.

한 식물의 이름을 알고 이해하려면 각 부분의 생김새를 자세히 관찰해야 합니다. 하지만 여러 식물을 관찰하다 보면 작약과 모란처럼 꽃의 생김새가 비슷한 식물도 있고, 소나무와 잣나무처럼 바늘잎의 모양이 비슷한 식물도 있어서 구별에 어려움을 겪게 되지요.

《어린이 식물 비교 도감》은 귤나무와 탱자나무처럼 열매의 모양이 비슷한 식물을 사진으로 자세히 비교하면서 열매 이외에도 닮은 점과 다른 점을 알도록 도와준답니다. 이렇게 식물의 어느 부분을 비교해야 하는지 차츰 알게 되면서 뿌리, 줄기, 잎, 꽃, 열매 등과 같은 식물의 기본적인 구조도 이해하게 되지요. 이런 과정을 통해 식물의 생김새를 관찰하는 방법까지 저절로 익힐 수 있게 됩니다.

이 책을 통해 우리 어린이들이 식물의 이름을 불러 주며 꽃과 나무의 친구가 되고, 식물과 좀 더 가까워졌으면 좋겠습니다.

2014년 초여름 윤주복

차례

이렇게 활용하세요

❶ 모습이 서로 닮은 두 식물의 특징을 글과 사진으로 확인하세요.
❷ 두 식물의 전체적인 모습을 꼼꼼히 비교하여 살펴보세요.
❸ 두 식물의 꽃, 잎, 열매, 줄기 등을 비교하면서 공통점과 차이점을 찾아보세요.
❹ 화단과 공원, 들과 숲에서 만난 식물의 이름을 찾고 비슷한 식물을 구별해 보세요.
❺ 여러 식물을 관찰하면서 각 부분의 기본적인 구조도 살펴보세요.
❻ 식물 이름이 어디에서 유래되었는지 알아보면 식물을 이해하는 데 도움이 된답니다.

밤딸기와 산딸기

뱀딸기와 산딸기는 먼 친척으로 열매가 딸기 모양으로 비슷하게 생겼어요.
뱀딸기는 겨울에 줄기가 말라 죽는 풀이고,
산딸기는 단단한 줄기가 겨울에도 살아 있는 나무랍니다.

비교해 보세요

① 꽃 색깔이 달라요

뱀딸기는 노란색 꽃이 피고,
산딸기는 흰색 꽃이 피어요.

② 잎이 달라요

뱀딸기의 잎은 3장의 작은잎이 모여 달리고,
산딸기의 잎은 잎몸이 3~5갈래로 깊게 갈라져요.

줄기
뱀딸기는 뱀처럼 땅을 기며
자라는 줄기가 겨울에는
말라 죽는 풀입니다.

뱀딸기

뱀딸기는…

산과 들의 풀밭에서 볼 수 있어요. 줄기는 뱀처럼 땅바닥을 기며 자라고, 딸기 모양의 열매가 열리기 때문에 '뱀딸기'라고 부릅니다.

산딸기는…

산에서 자라며, 가지마다 탐스런 딸기 모양의 열매가 열려서 '산딸기'라고 불러요. 열매는 새콤달콤한 맛이 납니다.

③ 열매를 먹을 수 있어요

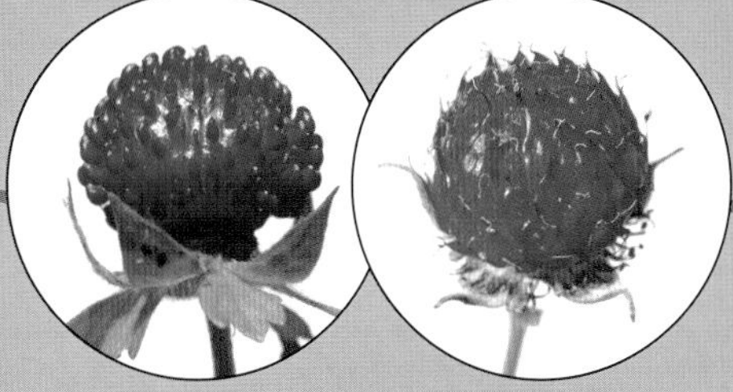

뱀딸기와 산딸기의 딸기 모양의 빨간 열매는
아이들이 심심풀이로 따먹어요.

④ 열매 속이 달라요

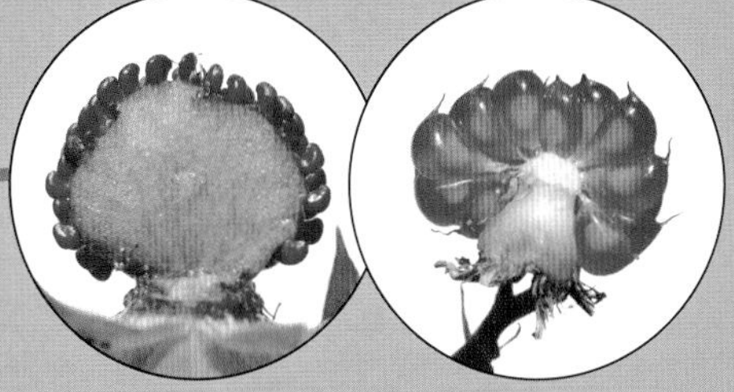

뱀딸기는 열매 겉면에 작은 씨앗이 촘촘히 붙지만,
산딸기는 작은 열매마다 씨앗이 1개씩 들어 있어요.

작약과 모란

작약과 모란은 가까운 친척으로 꽃과 열매의 생김새가 많이 닮았어요.
작약은 겨울에 줄기가 말라 죽는 풀이고,
모란은 단단한 줄기가 겨울에도 살아 있는 나무랍니다.

비교해 보세요

① 꽃 모양이 비슷해요

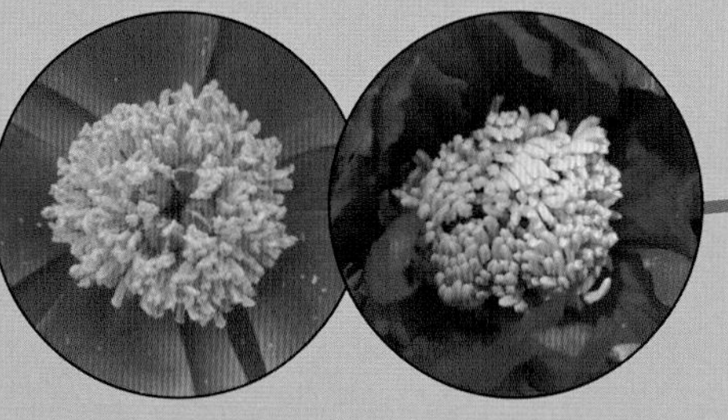

작약과 모란은 꽃의 모양이 비슷하며
꽃 가운데에 노란색 수술이 촘촘히 모여 있어요.

② 품종이 다양해요

작약과 모란은 재배 품종이 많은데
품종에 따라 꽃잎의 수와 색깔이 달라요.

꽃
큼직한 꽃은
하늘을 보고 피어요.

줄기
여러 대가 모여나는
줄기는 겨울에
말라 죽어요.

잎
잎자루에 여러 개의
작은잎이 모여 달리는
겹잎이에요.

새싹
작약은 겨울이면 줄기가
말라 죽고 봄에 다시 새싹이
돋는 풀이랍니다.

작약은…

꽃밭에 심어 길러요.
봄에 가지 끝에 피는 꽃이
크고 탐스러워
'함박꽃'이라고도 부릅니다.

모란은…

꽃밭에 심어 길러요.
봄에 피는 꽃이 크고 아름다워서
'꽃 중의 왕'이라는 별명을
가지고 있습니다.

③ 잎 모양이 닮았어요

작약과 모란은 긴 잎자루에 여러 개의 작은잎이
모여 달린 모양이 많이 닮았어요.

④ 열매 모양이 비슷해요

여러 개가 빙 돌려 가며 달리는 열매는
익으면 세로로 길게 갈라지면서 씨앗이 나와요.

차나무와 동백나무

차나무와 동백나무는 가까운 친척으로
꽃 가운데에 노란색 수술이 가득한 점이 비슷해요.
차나무는 키가 작은 떨기나무이고, 동백나무는 키가 크게 자라는 키나무랍니다.

비교해 보세요

① 꽃 색깔이 달라요

차나무는 흰색 꽃이 피고,
동백나무는 붉은색 꽃이 피어요.

② 잎 모양이 달라요

차나무의 잎은 긴 타원형이고,
동백나무의 잎은 타원형이며 단단해요.

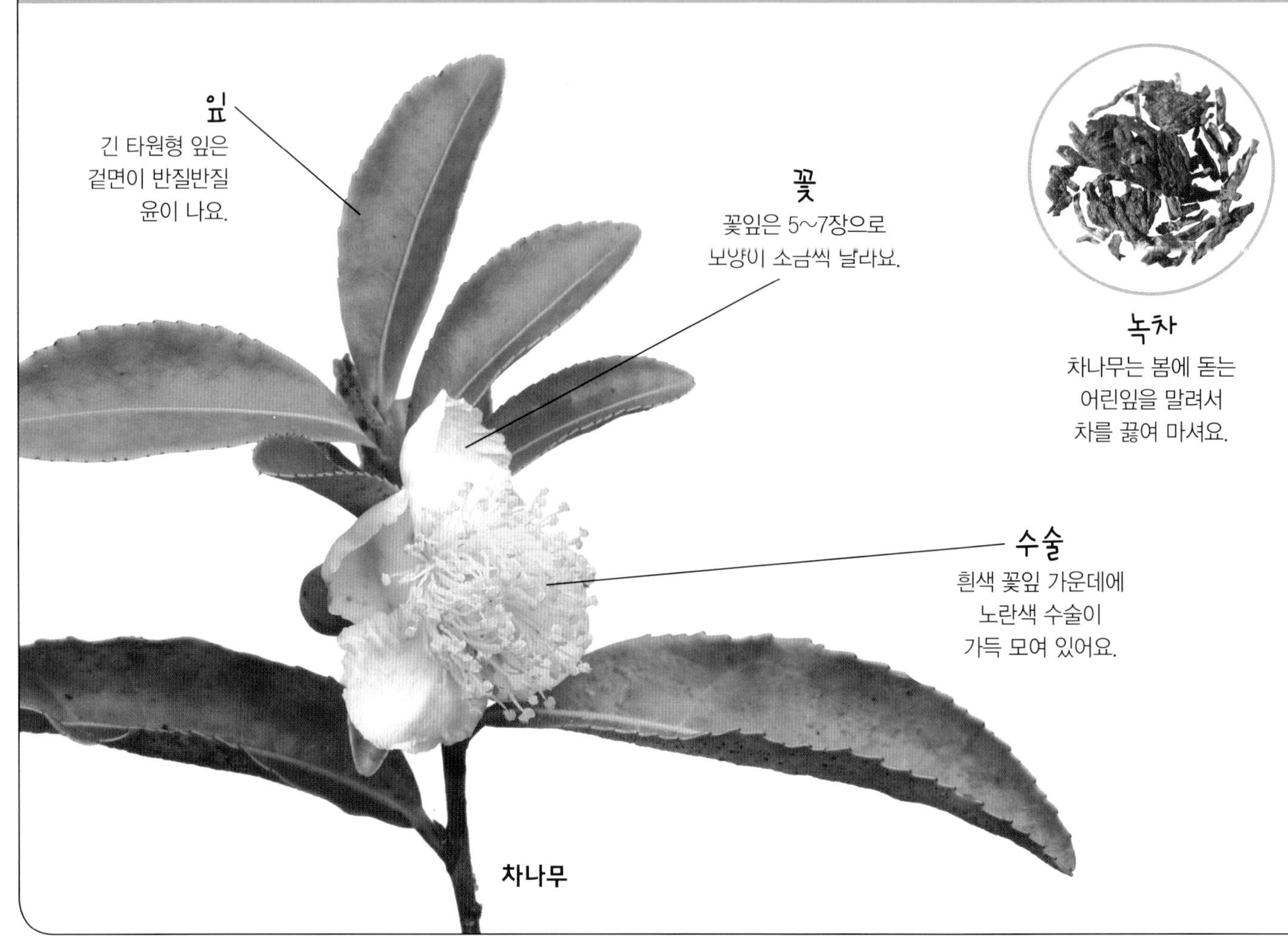

차나무

차나무는…

보통 어른 키 정도 높이로 자라는 키가 작은 나무로 '떨기나무'라고 합니다. 봄에 돋는 어린잎을 따서 차를 끓여 마시기 때문에 '차나무'라고 불러요.

동백나무는…

보통 아파트 2~3층 높이까지 자라는 키가 큰 나무로 '키나무'라고 합니다. 겨울부터 봄 사이에 아름다운 꽃이 피기 때문에 남쪽 지방에서 관상수로 많이 길러요.

③ 열매 모양이 달라요

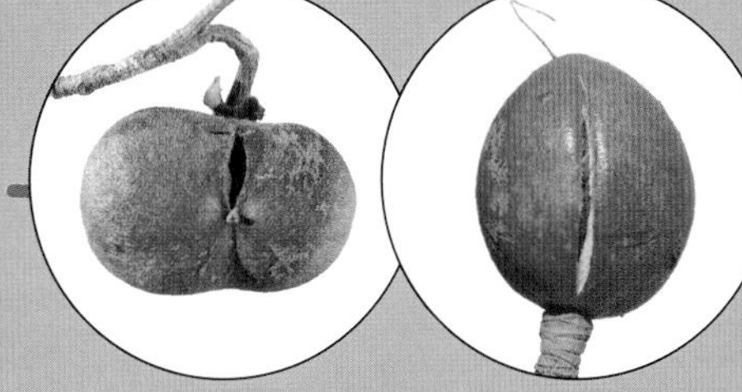

차나무의 열매는 동글납작하고,
동백나무의 열매는 동그스름해요.

④ 씨앗 모양이 달라요

차나무의 씨앗은 동글동글하고,
동백나무의 씨앗은 동그스름하지만 한쪽에 각이 졌어요.

명자나무와 모과나무

명자나무와 모과나무는 가까운 친척으로 5장의 꽃잎을 가진 꽃과 열매의 모양이 비슷하게 생겼어요. 명자나무는 키가 작은 떨기나무이고, 동백나무는 키가 크게 자라는 키나무랍니다.

비교해 보세요

① 꽃 모양이 비슷해요

꽃 모양이 비슷하지만 명자나무는 붉은색 꽃이 피고,
모과나무는 분홍색 꽃이 피어요.

② 잎 모양이 비슷해요

타원형 잎의 모양은 비슷하지만
명자나무는 잎자루 밑에 1쌍의 큰 턱잎이 있어요.

명자나무

명자나무는…

나무 가득 꽃이 핀 모습이 아름다워서 정원수나 공원수로 심어 길러요. 나무를 촘촘히 심어서 생울타리를 만들기도 하고, 열매로 차를 끓여 마시기도 해요.

모과나무는…

정원수나 공원수로 심어 길러요. 잘 익은 모과 열매는 향기가 일품이지만 맛이 시어서 먹지 못해요. 대신 모과차를 끓여 마시거나 모과술을 만들어요.

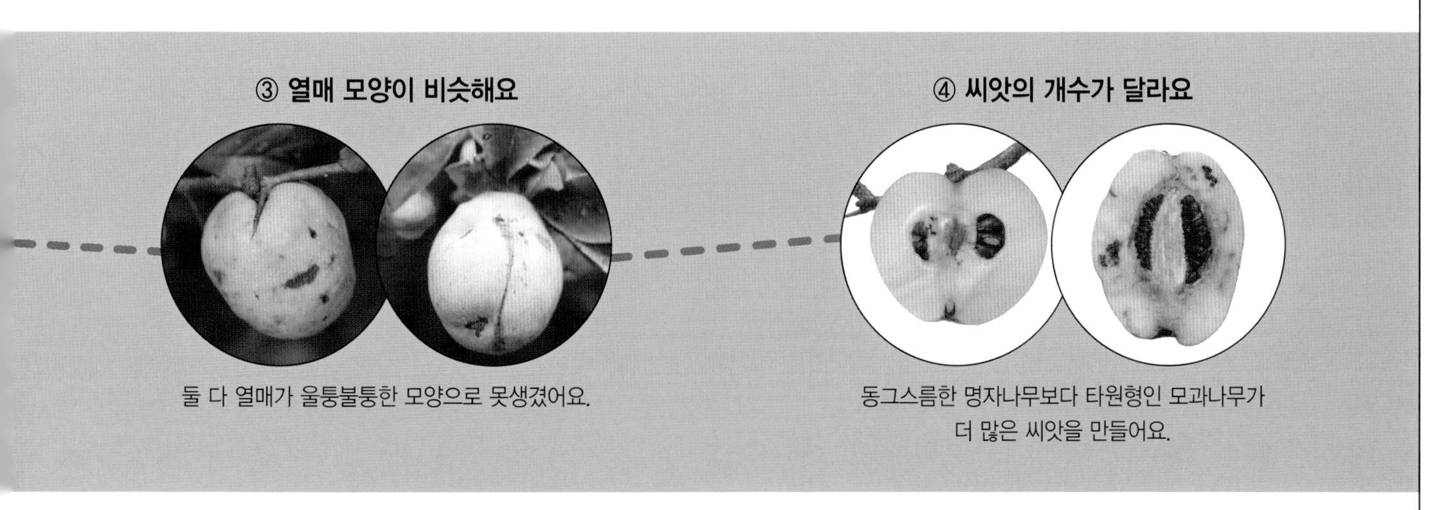

③ 열매 모양이 비슷해요

둘 다 열매가 울퉁불퉁한 모양으로 못생겼어요.

④ 씨앗의 개수가 달라요

동그스름한 명자나무보다 타원형인 모과나무가
더 많은 씨앗을 만들어요.

잎
타원형 잎은
꽃이 필 때 함께 나와요.

꽃
분홍색 꽃은 꽃잎이
5장이고 가운데에
수술이 모여 있어요.

모과나무

귤나무와 탱자나무

귤나무와 탱자나무는 가까운 친척으로 흰색 꽃과 열매의 모양이 닮았어요.
귤나무는 사계절 푸른 잎을 달고 있는 늘푸른나무이지만,
탱자나무는 가을에 낙엽이 지는 갈잎나무입니다.

비교해 보세요

① 꽃 피는 시기가 달라요

꽃의 모양은 거의 똑같지만 귤나무는 푸른 잎 사이에서 꽃이 피고, 탱자나무는 잎이 돋기 전에 꽃이 먼저 피어요.

② 잎 모양이 달라요

귤나무의 타원형 잎은 사계절 푸르르고, 탱자나무의 세겹잎은 가을에 낙엽이 져요.

귤나무는…

항상 푸른 잎을 달고 있는 늘푸른나무로 따뜻한 남쪽 섬에서 과일나무로 키워요. 동그란 열매의 속살은 말랑거리고 달콤한 즙이 많아서 과일로 즐겨 먹어요.

탱자나무는…

주로 남부 지방에서 자라지만 추위에 강해서 서울에서도 심어 기르며 겨울에는 나뭇잎을 떨구는 갈잎나무예요. 귤을 닮은 열매는 맛이 써서 먹지 못해요.

귤나무의 열매살은 달콤하고 씨가 없어서 먹기 편하지만, 탱자나무의 열매살은 쓰고 씨가 많아서 먹을 수 없어요.

귤나무의 녹색 가지에는 가시가 없고, 탱자나무의 녹색 가지에는 날카로운 가시가 많아요.

개잎갈나무와 사방오리

개잎갈나무는 '히말라야시다'라고도 해요.

개잎갈나무와 사방오리는 꽃봉오리와 솔방울 열매가 비슷하게 생겼어요. 개잎갈나무는 바늘 모양의 잎을 가득 달고 있는 바늘잎나무이고, 사방오리는 달걀 모양의 넓은 잎을 달고 있는 넓은잎나무입니다.

'히말라야시다'

비교해 보세요

① 꽃봉오리 모양이 비슷해요

개잎갈나무와 사방오리는 위를 보고 곧게 서는 기다란 꽃봉오리의 모양이 비슷해요.

② 잎 모양이 달라요

개잎갈나무는 가지에 바늘잎이 달리고, 사방오리는 가지에 넓은잎이 달려요.

와우~ 엄청 단단해요!

솔방울 모양
타원 모양의 솔방울은 6~13㎝ 길이로 큼직하며 매우 단단해요.

솔방울
솔방울은 자루가 없이 가지에 바짝 붙어 있어요.

잎
짧은 바늘잎은 단단하고 끝이 뾰족해서 찔리면 아파요.

개잎갈나무

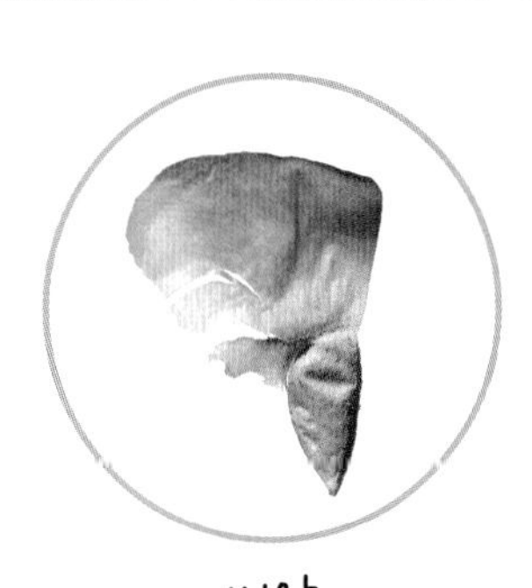

씨앗
한쪽에 얇고 넓은 날개가 달려 있어서 바람에 잘 날려 퍼져요.

개잎갈나무는…

원뿔 모양으로 곧게 자라는
나무 모양이 아름다워 공원수나
가로수로 심고 있어요.
가지에는 짧은 바늘 모양의 잎이
가득 달리는 바늘잎나무입니다.

사방오리는…

헐벗은 산에서 흙이 비에
씻겨 내려가는 것을 막기 위해
사방공사용으로 심어서
'사방오리'라고 해요. 달걀 모양의
넓은 잎을 가진 넓은잎나무입니다.

③ 어린 솔방울 모양이 닮았어요

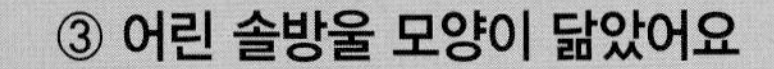

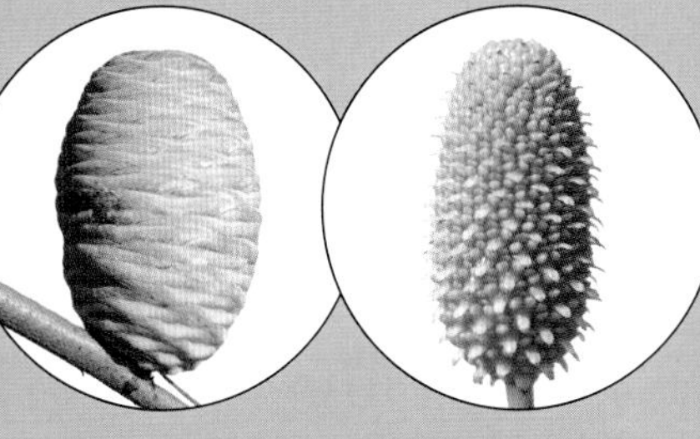

두 나무의 솔방울 열매는 타원형으로
비슷하게 생겼으며 매우 단단해요.

④ 익은 솔방울 모양도 비슷해요

두 나무의 솔방울 열매는 익으면
조각조각 벌어지면서 씨앗이 나와요.

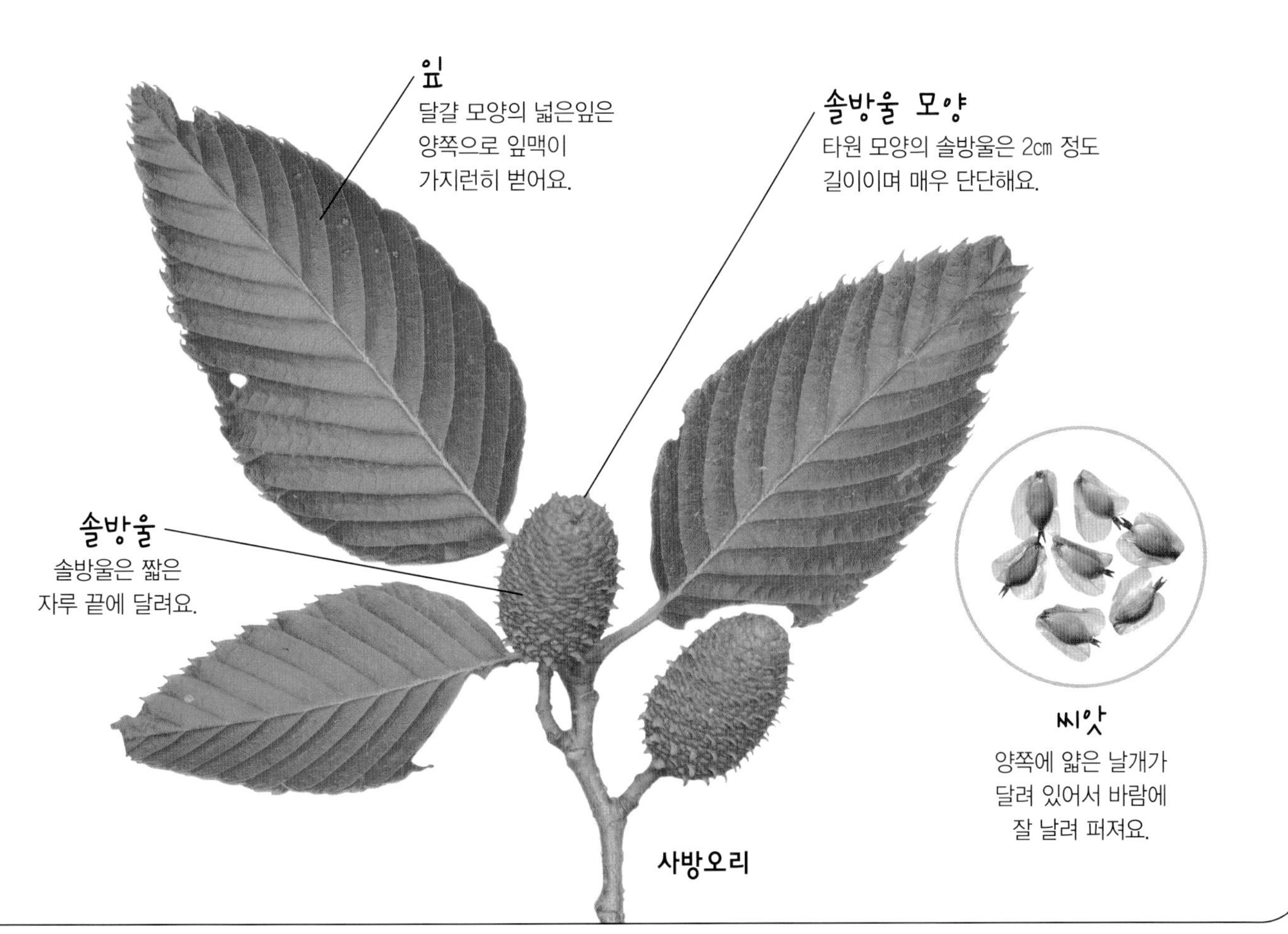

주목과 비자나무

주목과 비자나무는 가까운 친척으로 짧은 바늘잎이 비슷해서
잎만 보고는 구분이 어려워요. 붉게 익는 주목 열매는 열매살에 구멍이 뚫려 있고,
초록색인 비자나무 열매는 열매살에 구멍이 없어요.

비교해 보세요

① 꽃 모양이 비슷해요

주목의 꽃송이는 동그스름하고, 비자나무의 꽃송이는
타원형이지만 둘 다 바람이 불면 꽃가루가 날려요.

② 열매 모양이 달라요

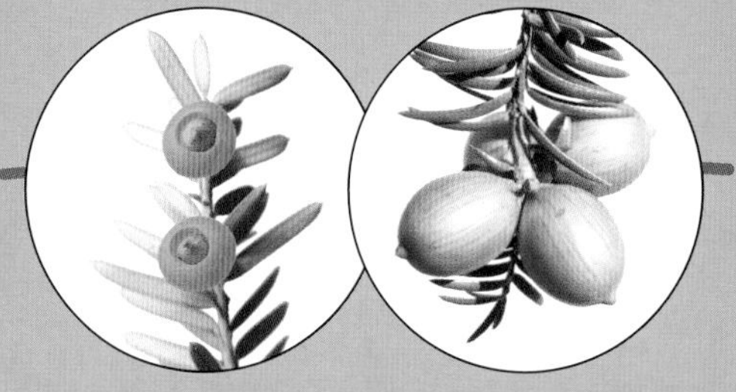

주목의 붉은색 열매는 구멍이 뚫려 있고,
비자나무의 초록색 열매에는 구멍이 없어요.

주목

주목은…

주목은 높은 산에서 자라는 나무로 관상수로도 많이 심고 있어요. 붉은색이 도는 목재는 색깔이 고우면서도 매우 단단해서 고급 목재로 귀하게 여겨요.

비자나무는…

추위에 약해서 남쪽 바닷가에서 자라요. 목재는 무늬가 곱고 연하면서도 탄력이 있어서 조각재 등으로 이용해요. 씨앗은 기름을 짜거나 기생충 약으로 써요.

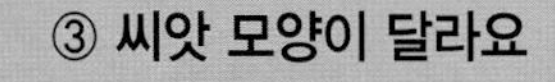

③ 씨앗 모양이 달라요

동그란 주목의 씨앗은 독이 있으므로 절대 먹으면 안 돼요. 비자나무의 씨앗은 타원형이에요.

④ 나무껍질의 색이 달라요

주목(朱木)은 '붉은 나무'란 뜻으로 나무껍질이 붉고, 비자나무의 나무껍질은 회백색이에요.

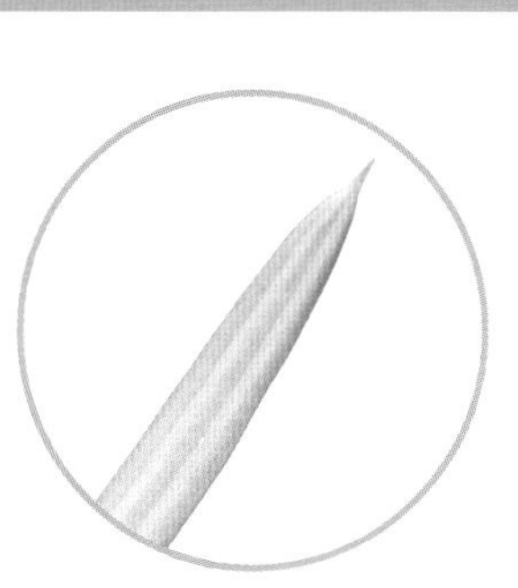

잎 뒷면

잎 뒷면은 연녹색이며 세로줄이 있어요.

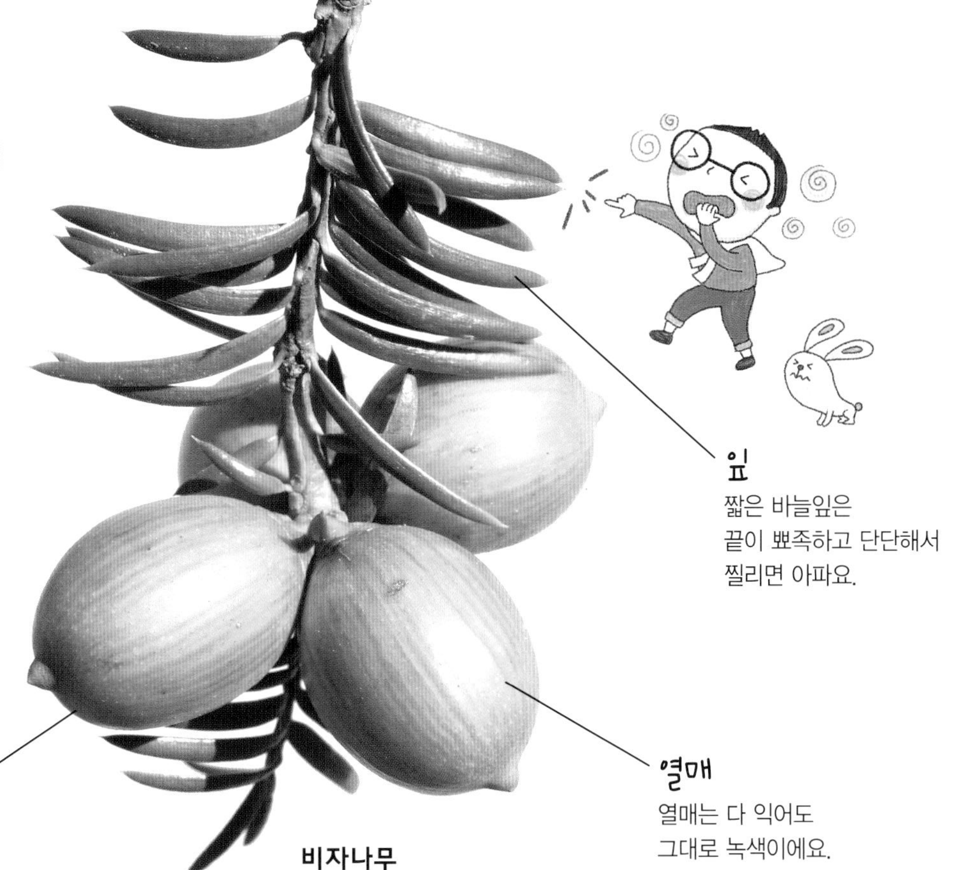

잎

짧은 바늘잎은 끝이 뾰족하고 단단해서 찔리면 아파요.

열매 모양

타원형 열매는 주목과 달리 구멍이 뚫려 있지 않아요.

열매

열매는 다 익어도 그대로 녹색이에요.

비자나무

소나무와 잣나무

소나무와 잣나무는 가까운 친척으로 기다란 바늘잎이 달린 나무 모양이 비슷해서 구분하기 어려워요. 하지만 소나무 잎은 2개가 한 묶음이고, 잣나무 잎은 5개가 한 묶음이라서 구분할 수 있어요.

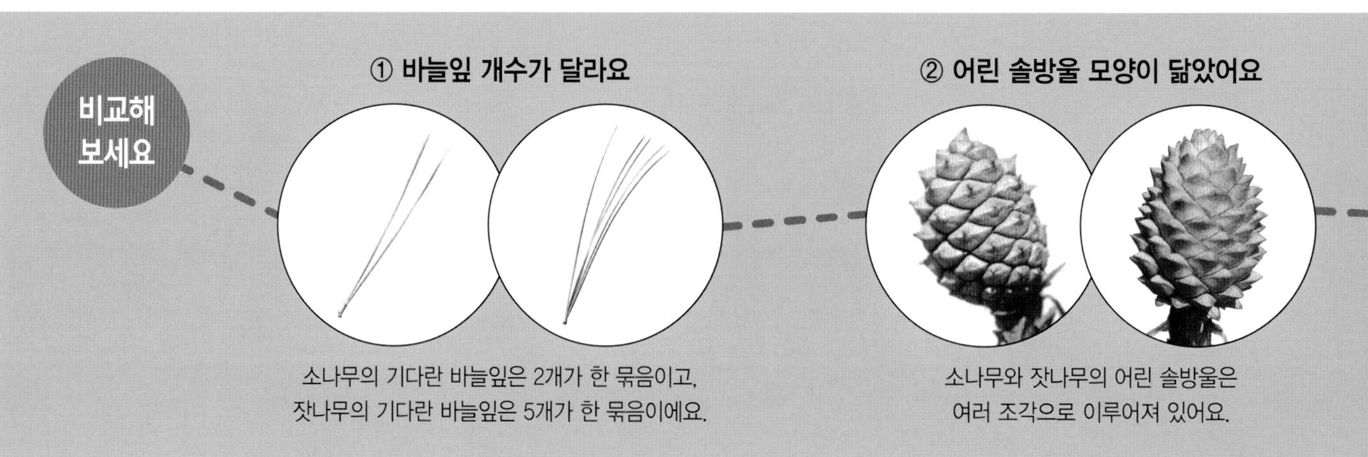

소나무의 기다란 바늘잎은 2개가 한 묶음이고,
잣나무의 기다란 바늘잎은 5개가 한 묶음이에요.

소나무와 잣나무의 어린 솔방울은
여러 조각으로 이루어져 있어요.

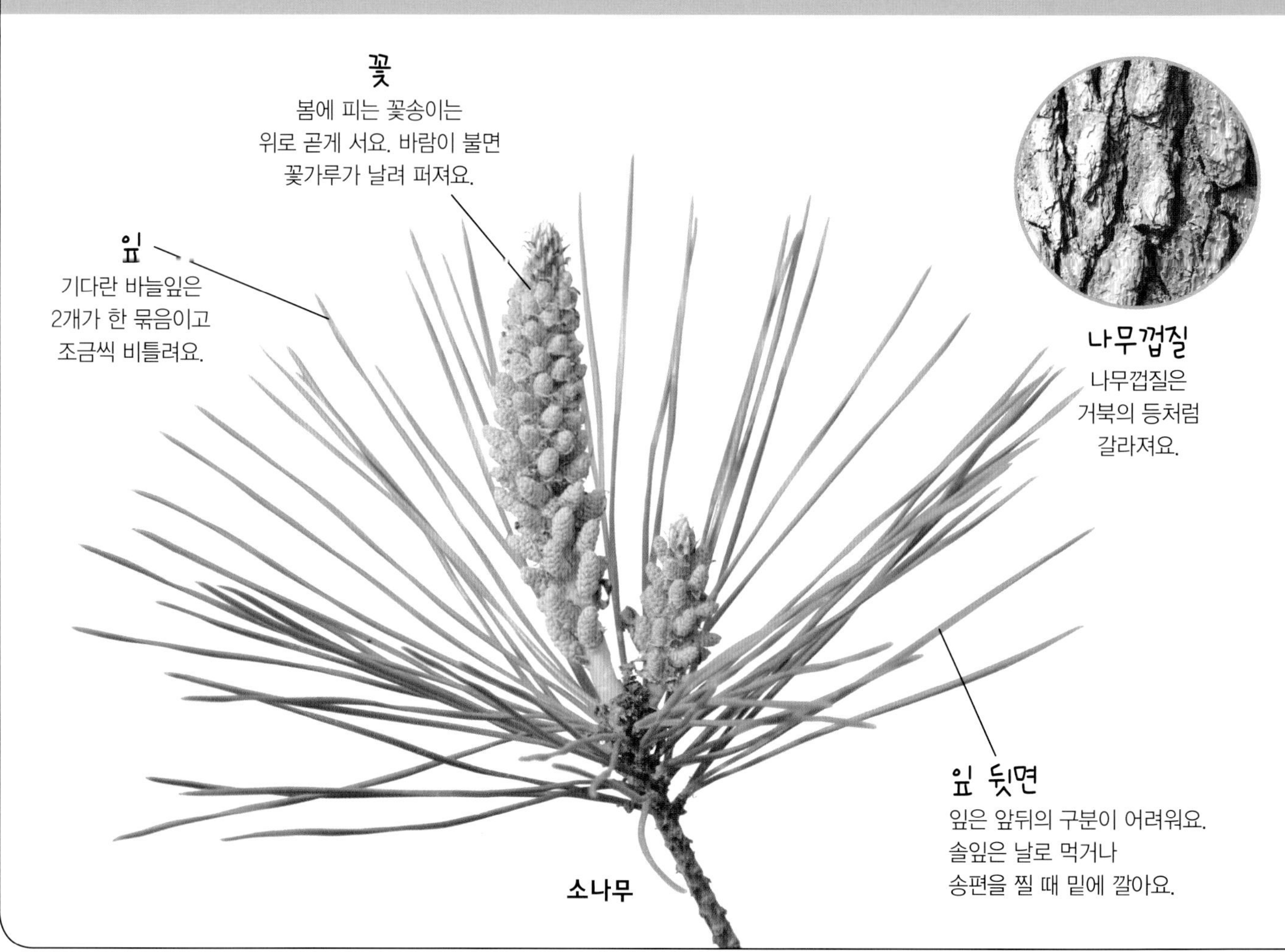

소나무는…

산에서 많이 자라는 나무이기 때문에 흔히 볼 수 있습니다. 소나무는 목재나 땔감으로 널리 쓰였고, 꽃가루인 송홧가루로는 다식을 만들어 먹었어요.

잣나무는…

높은 산에서 자라지만 열매인 잣을 얻기 위해 낮은 산에도 많이 심어서 잣나무 숲을 흔히 볼 수 있습니다. 씨앗의 속살인 잣은 맛이 고소하고 영양가도 높아요.

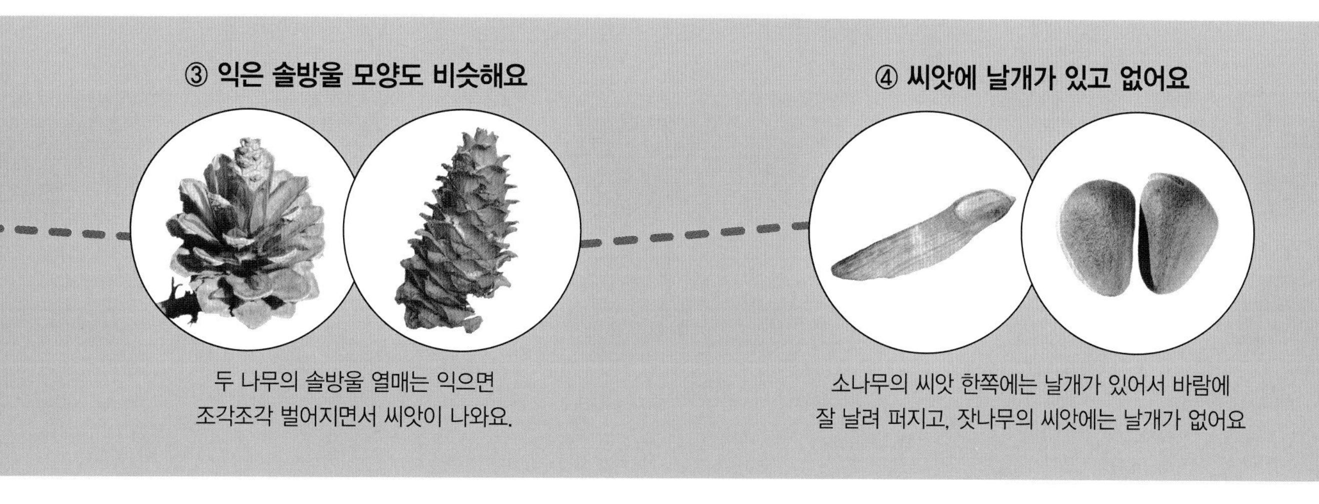

③ 익은 솔방울 모양도 비슷해요

두 나무의 솔방울 열매는 익으면 조각조각 벌어지면서 씨앗이 나와요.

④ 씨앗에 날개가 있고 없어요

소나무의 씨앗 한쪽에는 날개가 있어서 바람에 잘 날려 퍼지고, 잣나무의 씨앗에는 날개가 없어요

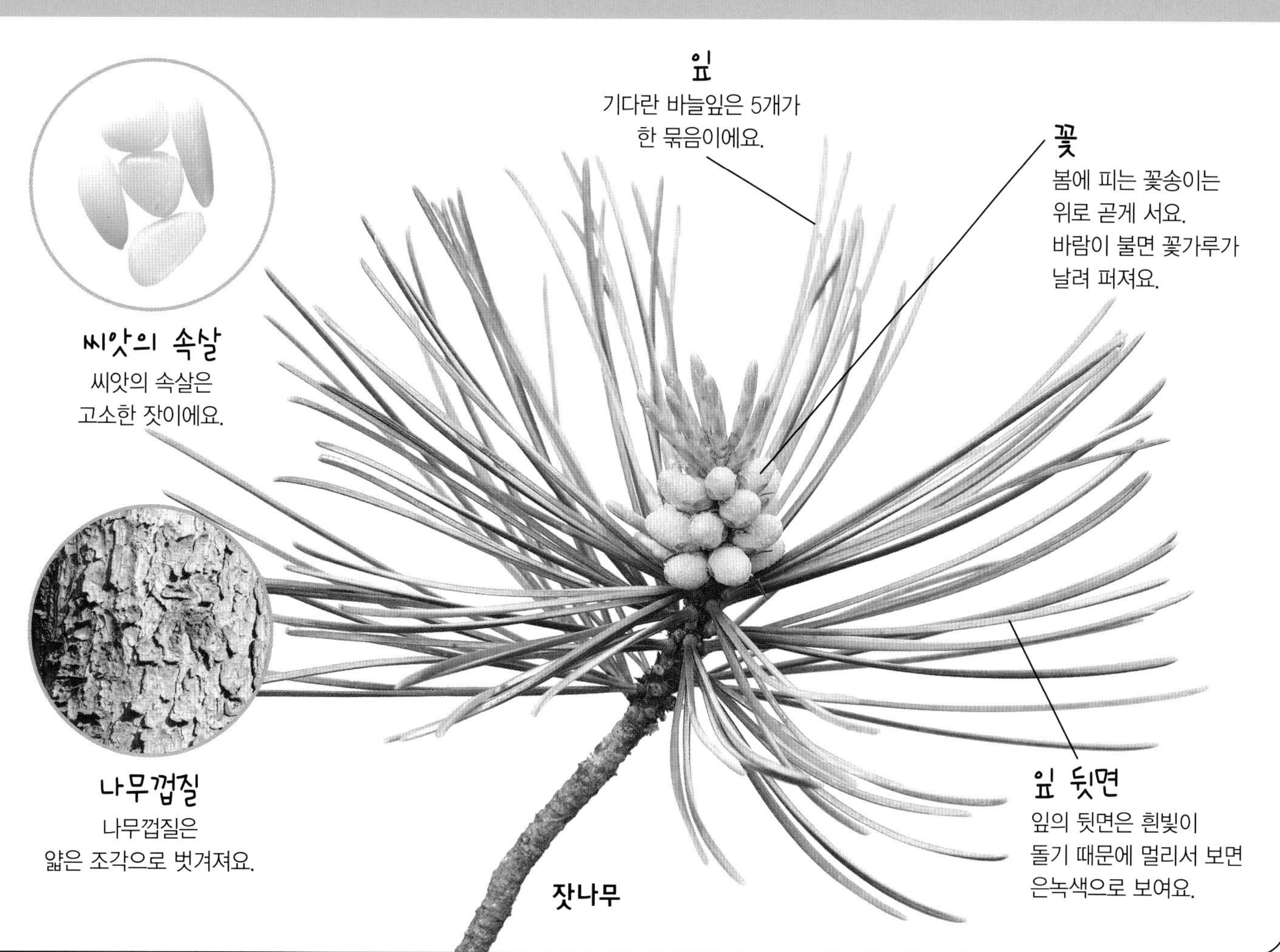

잎
기다란 바늘잎은 5개가 한 묶음이에요.

꽃
봄에 피는 꽃송이는 위로 곧게 서요. 바람이 불면 꽃가루가 날려 퍼져요.

씨앗의 속살
씨앗의 속살은 고소한 잣이에요.

나무껍질
나무껍질은 얇은 조각으로 벗겨져요.

잎 뒷면
잎의 뒷면은 흰빛이 돌기 때문에 멀리서 보면 은녹색으로 보여요.

잣나무

낙우송과 메타세쿼이아

낙우송과 메타세쿼이아는 가까운 친척으로 나무 모양과 잎의 생김새가 비슷해서 구분이 어려워요. 낙우송 솔방울은 열매자루가 없이 가지에 바짝 붙고, 메타세쿼이아 솔방울은 긴 자루에 매달려요.

비교해 보세요

① 꽃가지 모양이 비슷해요

낙우송과 메타세쿼이아의 늘어진 꽃가지에는
동그란 꽃이 촘촘히 달려 있어요.

② 잎가지가 붙는 모양이 달라요

낙우송의 잎가지는 서로 어긋나게 붙고,
메타세쿼이아의 잎가지는 2개가 서로 마주 보고 붙어요.

잎
납작한 바늘잎은
잎몸이 부드러워요.

잎가지
잎가지는 서로
어긋나게 붙어요.

열매
동그란 솔방울은 열매자루가 없이
가지에 바짝 붙어요.

낙우송

공기뿌리
물가에서 잘 자라는
낙우송은 땅 위로 공기뿌리를
내밀고 숨을 쉬어요.

낙우송은…

나무 모양이 원뿔 모양으로
아름다워 관상수로 심고 있어요.
짧은 바늘잎이 촘촘히 붙는
잎가지는 새의 깃털을 닮았으며
서로 어긋나게 붙습니다.

메타세쿼이아는…

원뿔을 닮은 나무 모양은
낙우송과 비슷하며 관상수로 심고
있습니다. 짧은 바늘잎이 촘촘히
붙는 잎가지는 2개가 서로
마주 보고 붙습니다.

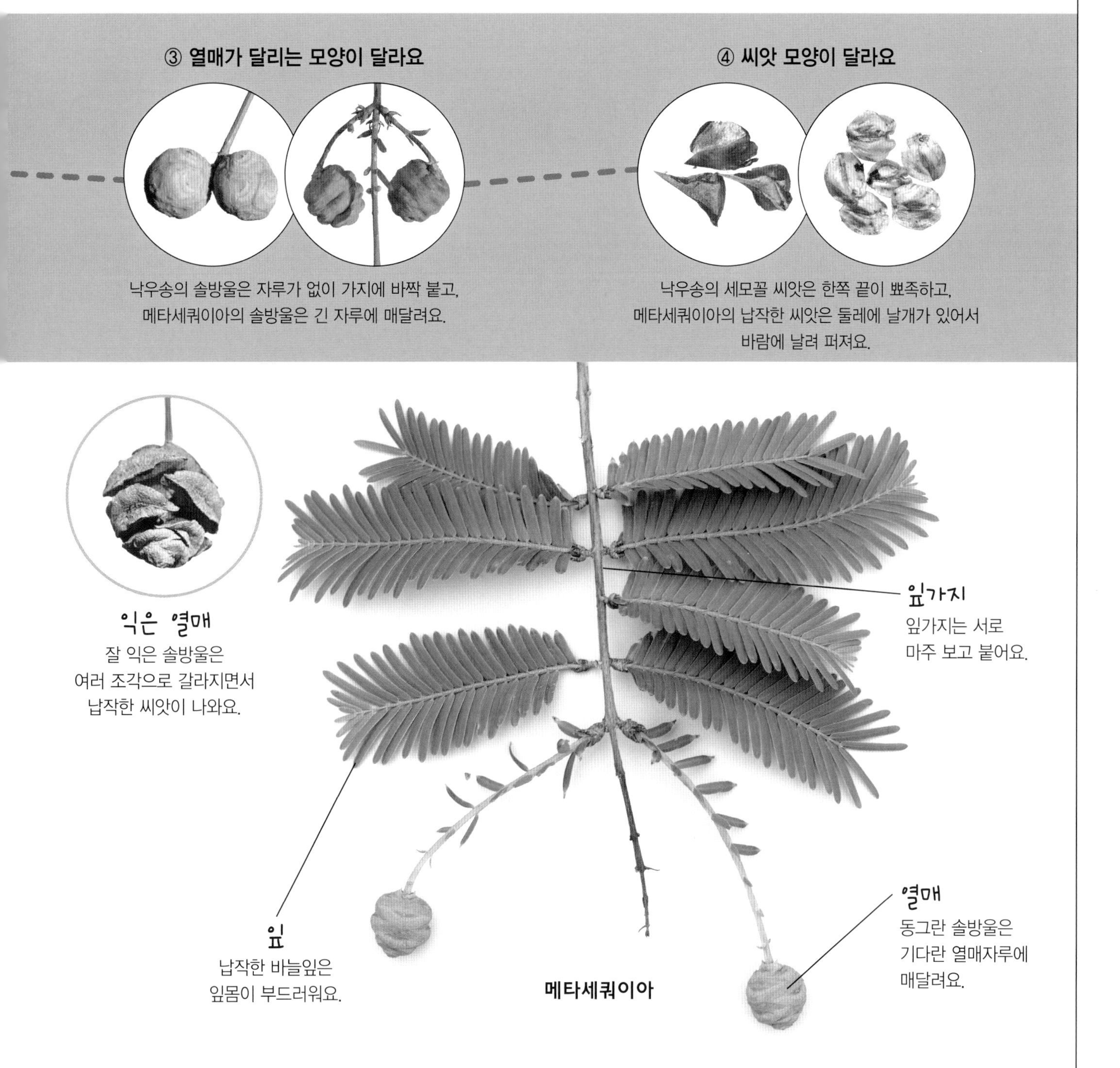

측백나무와 향나무

측백나무와 향나무는 가까운 친척으로
비늘잎이 달린 나무 모양이 비슷해서 구분하기가 어려워요.
측백나무 솔방울은 여러 개의 뿔이 있지만, 향나무 솔방울은 뿔이 없어요.

비교해 보세요

① 꽃 모양이 비슷해요

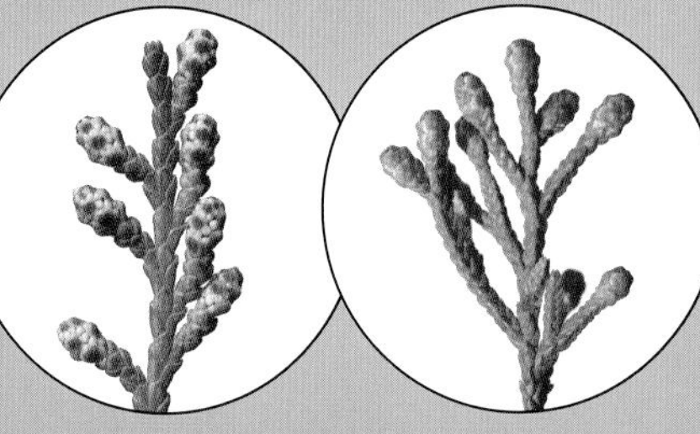

측백나무와 향나무는 가지 끝에 달리는
동그스름한 꽃송이의 모양이 비슷해요.

② 잎 모양이 달라요

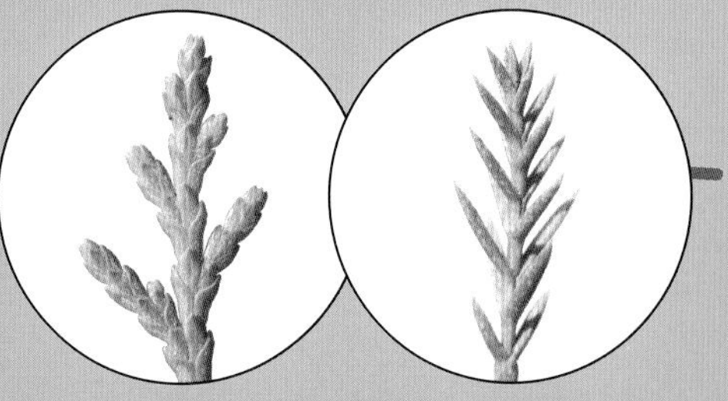

측백나무의 비늘잎은 납작하고,
향나무는 바늘잎과 비늘잎이 함께 달려요.

측백나무는…

바늘잎나무에 속하지만 비늘처럼 포개지는 비늘잎이 달려요. 주로 관상수로 심는데 무덤가에 많이 심고 집 둘레에 촘촘히 심어서 생울타리를 만들어요.

향나무는…

'향나무'는 향기가 나는 나무란 뜻으로 잎과 목재에서 향기가 나서 붙여진 이름이에요. 이 향기가 귀신을 물리친다고 해서 제사를 지낼 때는 꼭 향불을 켜요.

③ 열매 모양이 달라요

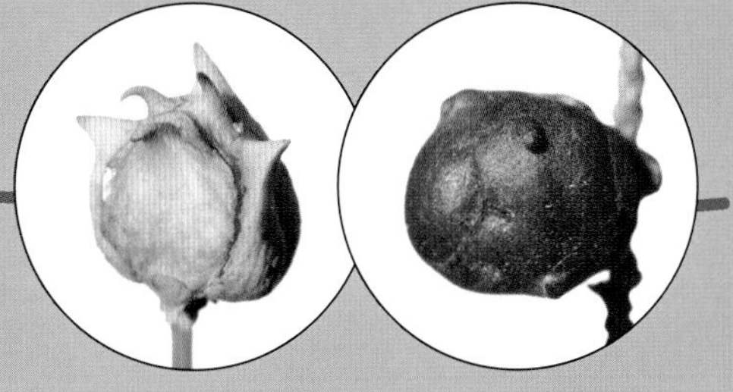

측백나무의 동그란 솔방울은 울퉁불퉁하게 뿔이 있고, 향나무의 동그란 솔방울은 검게 익어요.

④ 씨앗 모양이 비슷해요

둘 다 모양이 비슷하지만 측백나무 씨앗은 겉이 매끈하고, 향나무 씨앗은 약간 울퉁불퉁해요.

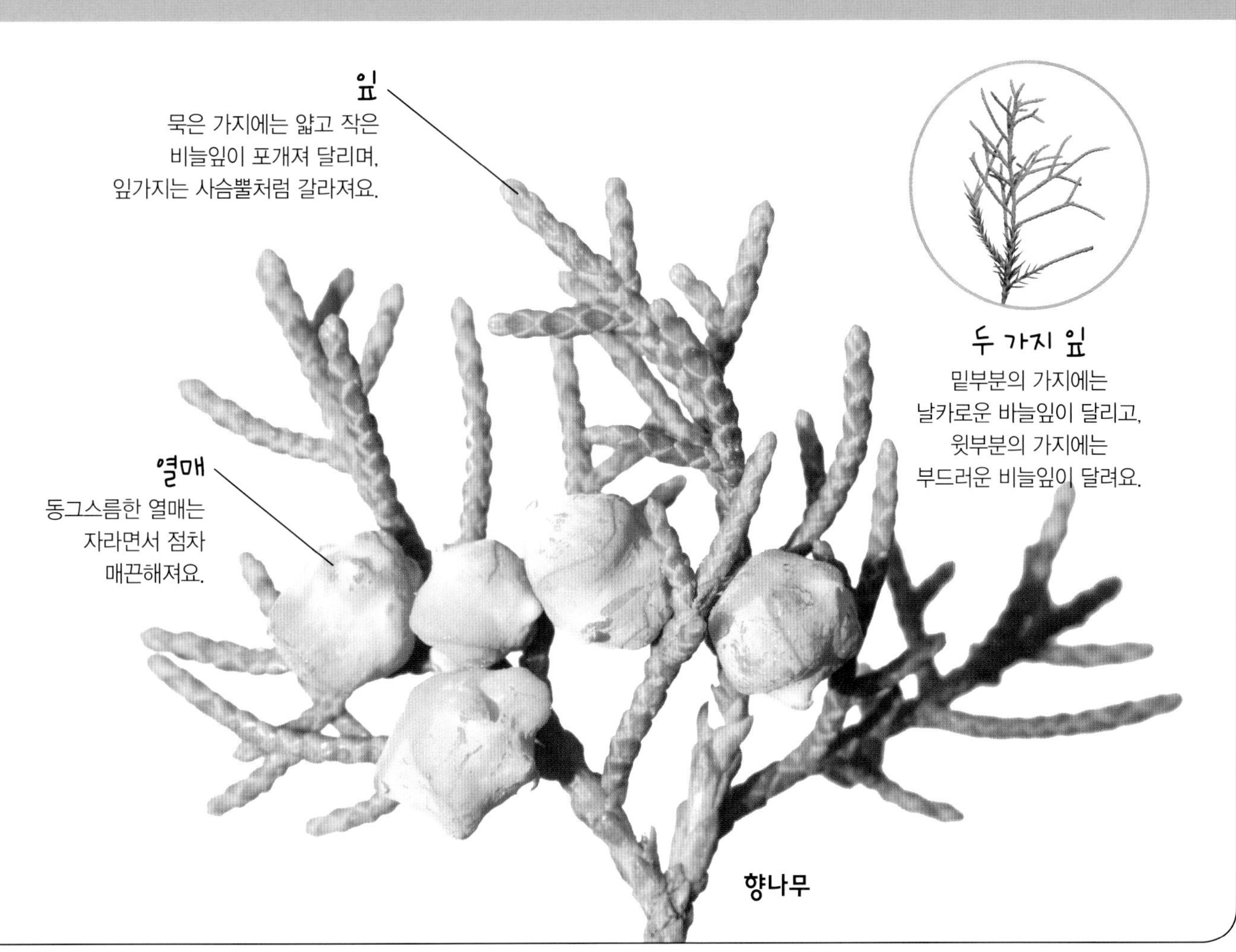

백목련과 함박꽃나무

백목련과 함박꽃나무는 가까운 친척으로 꽃과 열매의 모양이 비슷해요.
백목련은 잎이 돋기 전에 꽃이 먼저 피지만,
함박꽃나무는 잎이 자란 후에 꽃이 피어요.

비교해 보세요

① 꽃봉오리가 껍질에 싸여 있어요

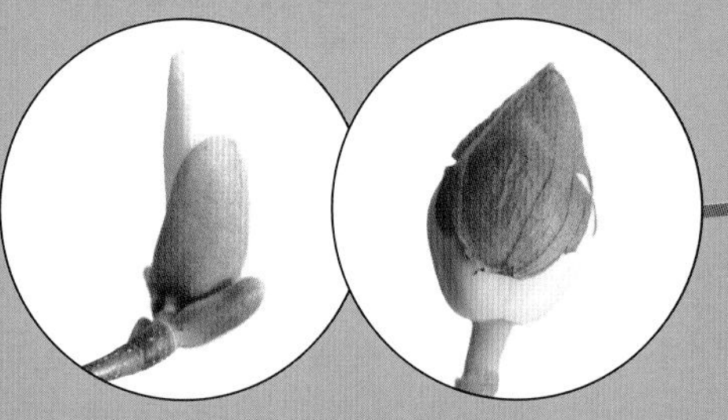

백목련의 꽃봉오리는 솜털로 덮인 껍질에 싸여 있고,
함박꽃나무의 꽃봉오리는 얇은 갈색 껍질에 싸여 있어요.

② 잎 모양이 달라요

백목련의 잎은 거꾸로 된 달걀 모양이고,
함박꽃나무의 잎은 큼직한 타원형이에요.

백목련은…

공원에 심는데 봄에 나무 가득 흰색 연꽃을 닮은 꽃이 피어요. 커다란 겨울눈이 글씨를 쓰는 붓과 비슷해서 나무붓이란 뜻으로 '목필(木筆)'이라고 했어요.

함박꽃나무는…

산에서 자라며 늦은 봄에 함박꽃(작약)처럼 큼직한 꽃이 피어서 '함박꽃나무'라고 불러요. 북한에서는 나무에서 피는 난초라는 뜻으로 '목란'이라고 해요.

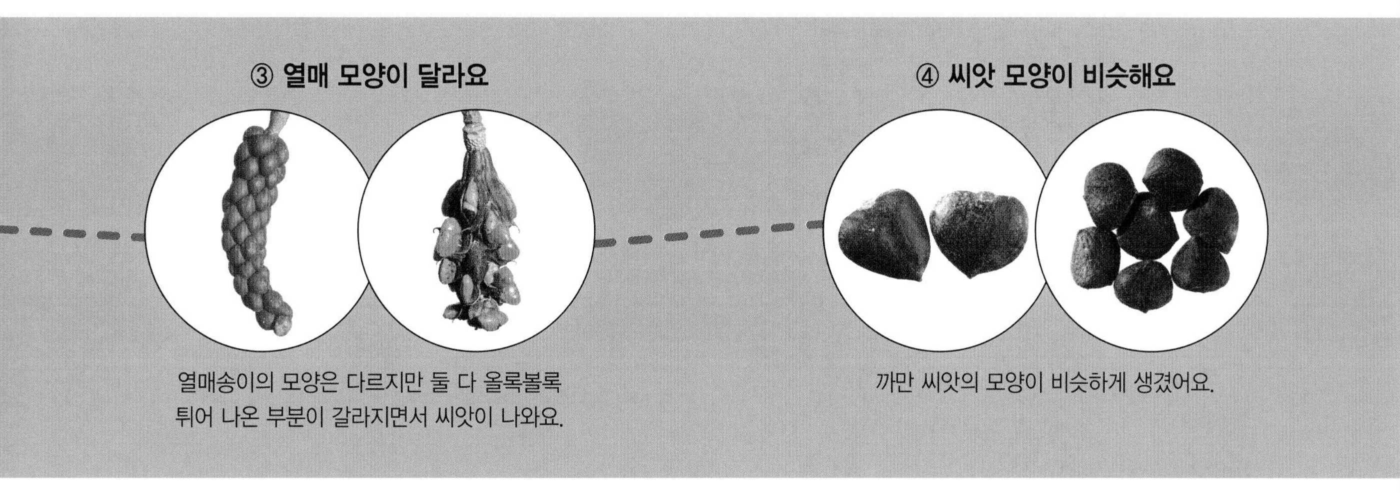

③ 열매 모양이 달라요

열매송이의 모양은 다르지만 둘 다 올록볼록 튀어 나온 부분이 갈라지면서 씨앗이 나와요.

④ 씨앗 모양이 비슷해요

까만 씨앗의 모양이 비슷하게 생겼어요.

꽃
흰색 꽃잎은 9~12장이에요.

꽃 피는 시기
늦은 봄에 잎이 다 자란 다음에 꽃이 피어요.

수술 모양
촘촘히 모여 있는 수술은 붉은색이에요.

수술
많은 붉은색 수술이 활짝 젖혀졌어요.

겨울눈
기다란 겨울눈은 가죽 모양의 껍질로 덮여 있어요.

함박꽃나무

생강나무와 산수유

생강나무와 산수유는 이른 봄에 잎보다 먼저 꽃이 피고 꽃 모양이 비슷하지만 전혀 다른 나무입니다. 생강나무의 동그란 열매는 검은색으로 익지만, 산수유의 타원형 열매는 붉은색으로 익어요.

비교해 보세요

① 꽃자루가 짧고 길어요

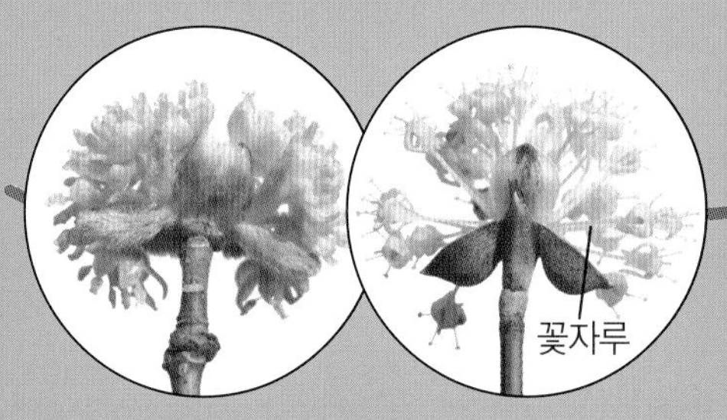

생강나무 꽃은 산수유 꽃과 비슷하지만 꽃자루가 짧고,
산수유 꽃은 생강나무 꽃보다 꽃자루가 더 길어요.

② 잎 모양이 달라요

생강나무는 보통 잎몸의 윗부분이 셋으로 갈라지고,
산수유의 타원형 잎은 끝이 뾰족해요.

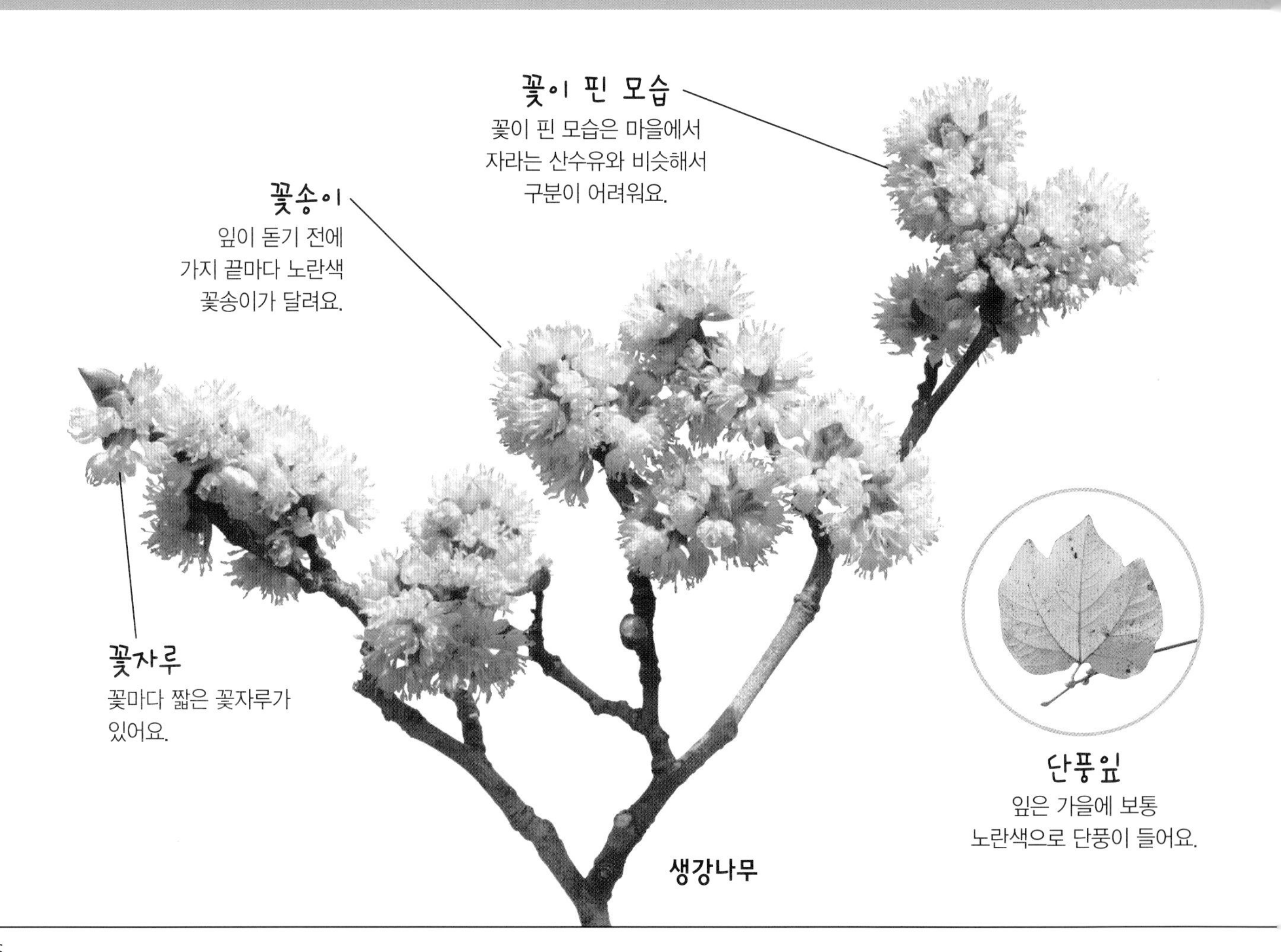

꽃이 핀 모습
꽃이 핀 모습은 마을에서 자라는 산수유와 비슷해서 구분이 어려워요.

꽃송이
잎이 돋기 전에 가지 끝마다 노란색 꽃송이가 달려요.

꽃자루
꽃마다 짧은 꽃자루가 있어요.

단풍잎
잎은 가을에 보통 노란색으로 단풍이 들어요.

생강나무

생강나무는…

산에서 자라요. 가지나 잎을 잘라서 비비면 생강 냄새와 비슷한 상큼한 향기가 나서 '생강나무'라고 해요. 씨앗에서 짠 기름은 할머니가 머릿기름으로 썼어요.

산수유는…

아름다운 꽃과 열매를 보려고 관상수로 심어요. 열매는 몸을 튼튼하게 하는 한약재로 요긴하게 씁니다. 열매로 차를 끓여 마시거나 술을 담가 먹기도 해요.

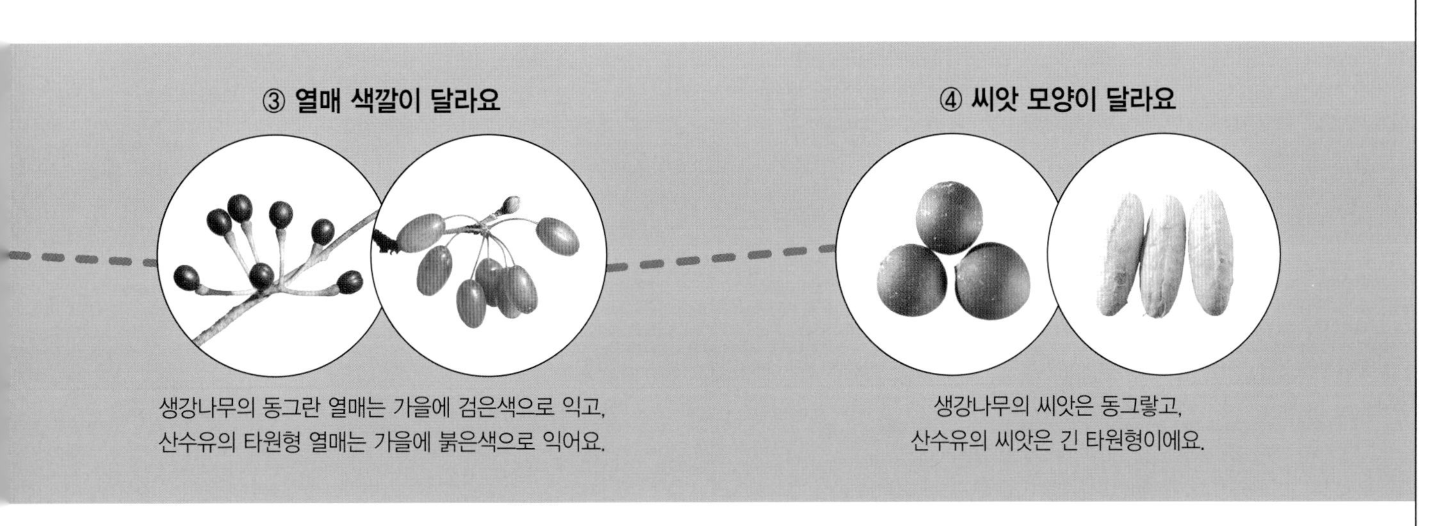

③ 열매 색깔이 달라요

생강나무의 동그란 열매는 가을에 검은색으로 익고,
산수유의 타원형 열매는 가을에 붉은색으로 익어요.

④ 씨앗 모양이 달라요

생강나무의 씨앗은 동그랗고,
산수유의 씨앗은 긴 타원형이에요.

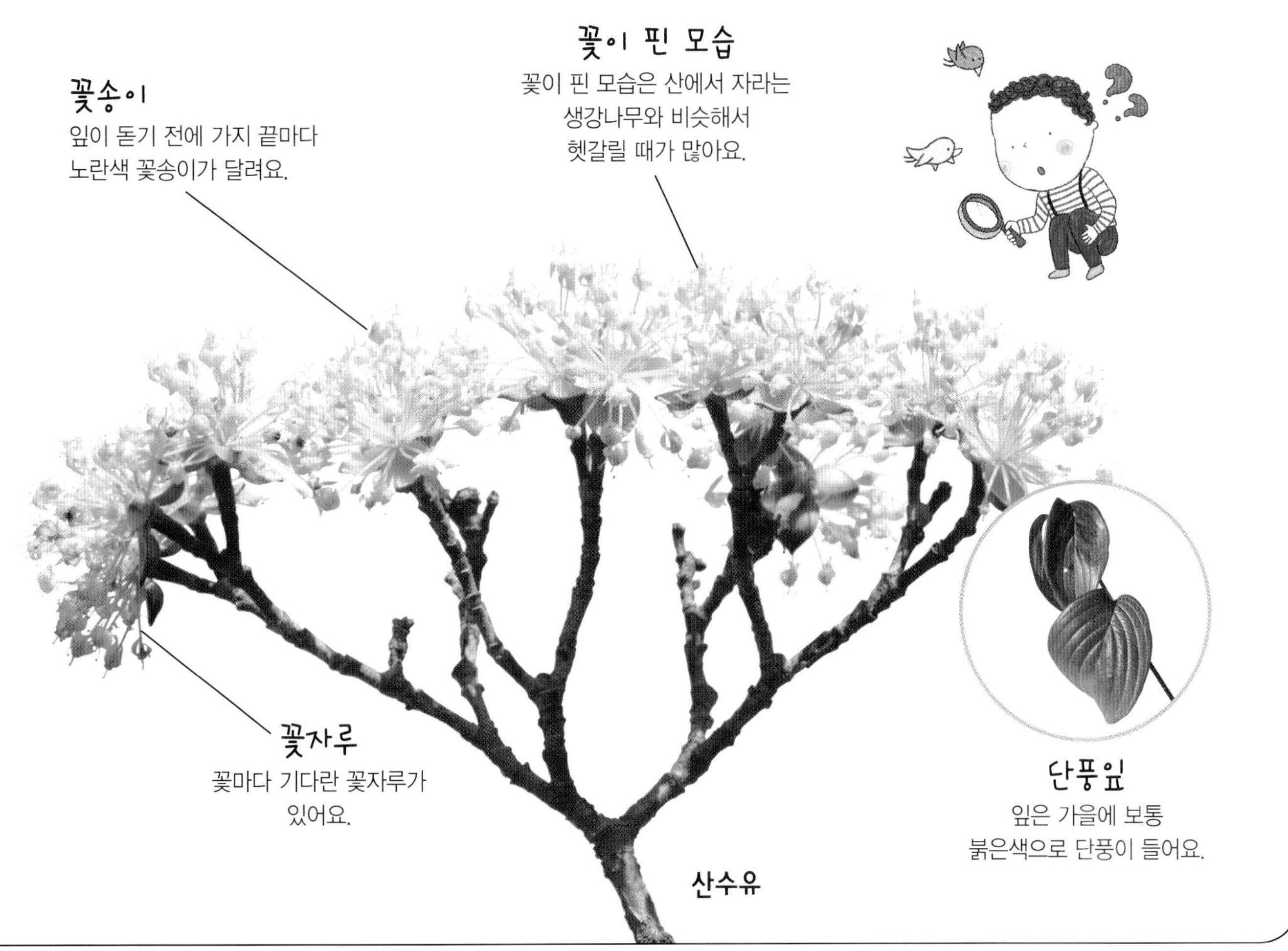

꽃이 핀 모습

꽃이 핀 모습은 산에서 자라는
생강나무와 비슷해서
헷갈릴 때가 많아요.

꽃송이

잎이 돋기 전에 가지 끝마다
노란색 꽃송이가 달려요.

꽃자루

꽃마다 기다란 꽃자루가
있어요.

단풍잎

잎은 가을에 보통
붉은색으로 단풍이 들어요.

산수유

진달래와 철쭉

진달래와 철쭉은 꽃이
아름다워 많은 재배 품종이
만들어져서 심어지고 있어요.

진달래와 철쭉은 가까운 친척으로 깔때기 모양의 꽃이 닮았습니다.
진달래는 잎보다 먼저 꽃이 피지만,
철쭉은 잎이 돋을 때 꽃도 함께 핍니다.

비교해 보세요

① 꽃 모양이 비슷해요

진달래와 철쭉은 깔때기 모양의 꽃이
5갈래로 갈라지는 모양과 색깔이 비슷해요.

② 잎 모양이 달라요

진달래의 잎은 타원형이고,
철쭉의 둥근 달걀 모양의 잎은 가지 끝에 모여나요.

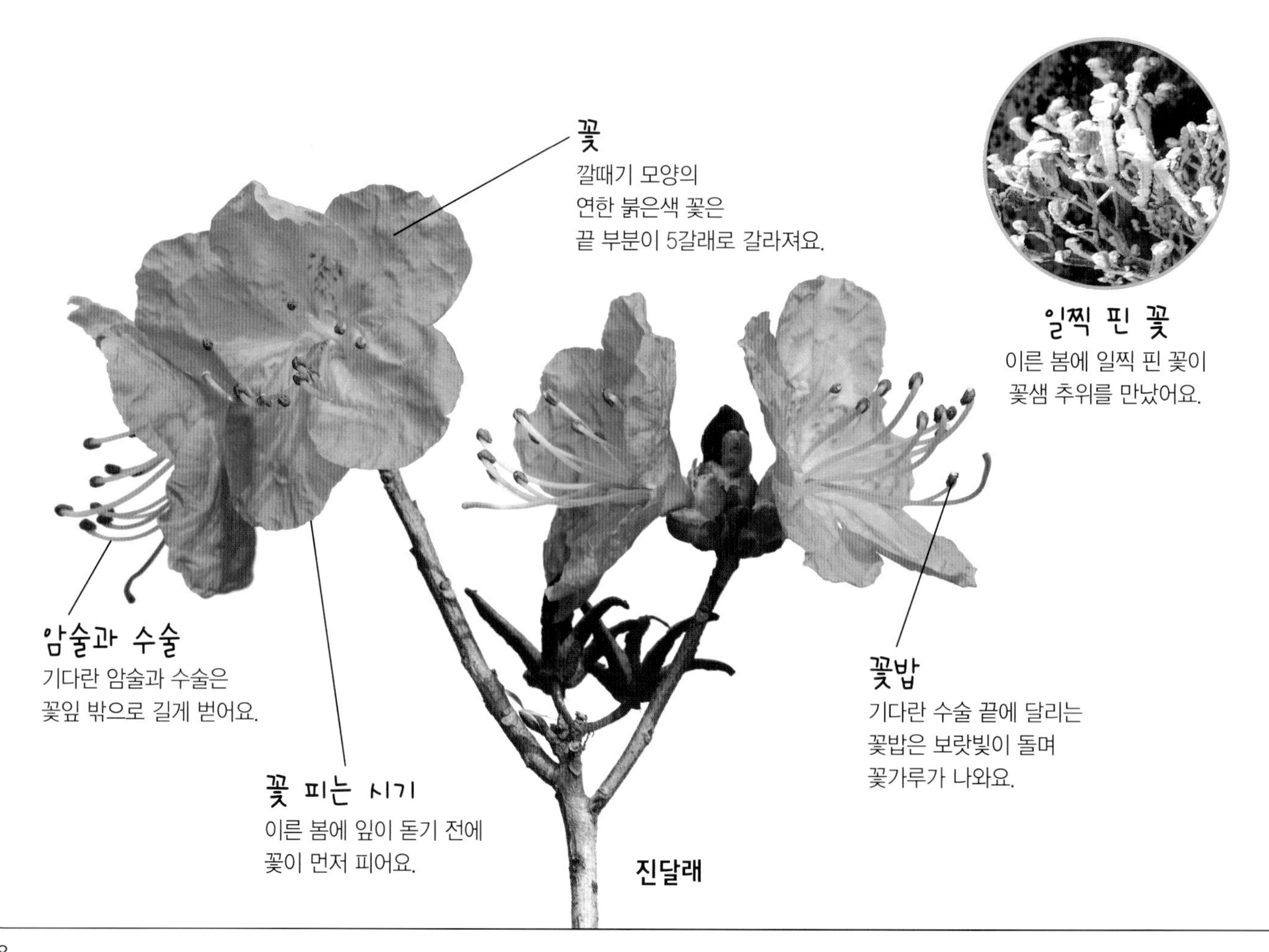

진달래

진달래는…

산에서 자라며 이른 봄에 나무 가득 붉은색 꽃이 피면 온 산이 붉은색 꽃밭이 됩니다. 진달래는 꽃잎을 따서 먹거나 전을 부쳐 먹기 때문에 '참꽃'이라고 해요.

철쭉은…

산에서 자라며 진달래가 시들 즈음 연달아 피어서 '연달래'라고 해요. 진달래와 달리 꽃잎에 독이 있어서 먹을 수가 없기 때문에 '개꽃'이라고도 합니다.

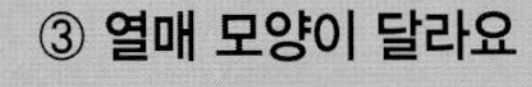

③ 열매 모양이 달라요

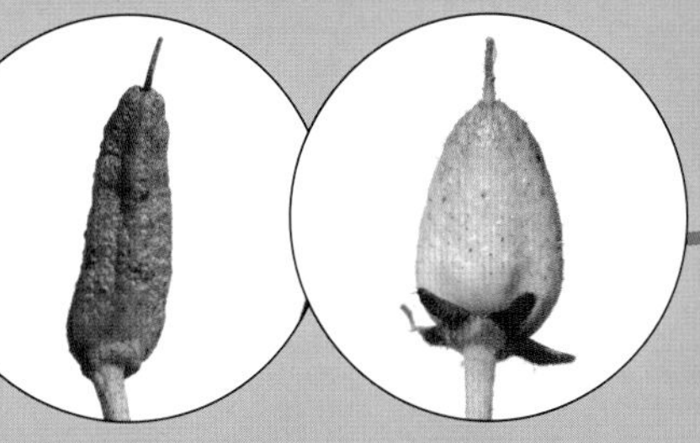

진달래의 열매는 길쭉하고,
철쭉의 열매는 달걀 모양이에요.

④ 단풍잎 색깔이 비슷해요

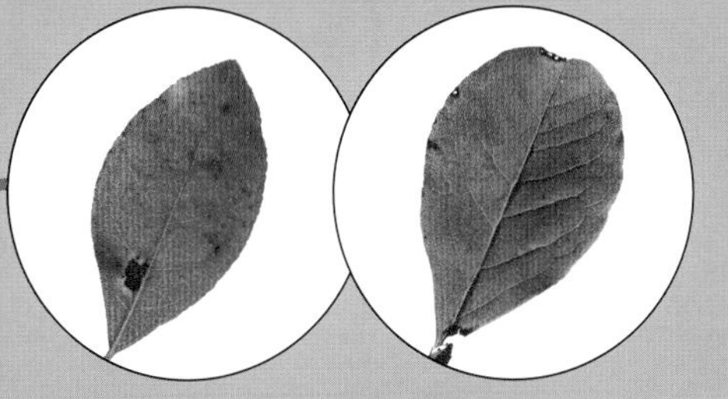

진달래와 철쭉은 모두 가을에
붉은색으로 단풍이 들어요.

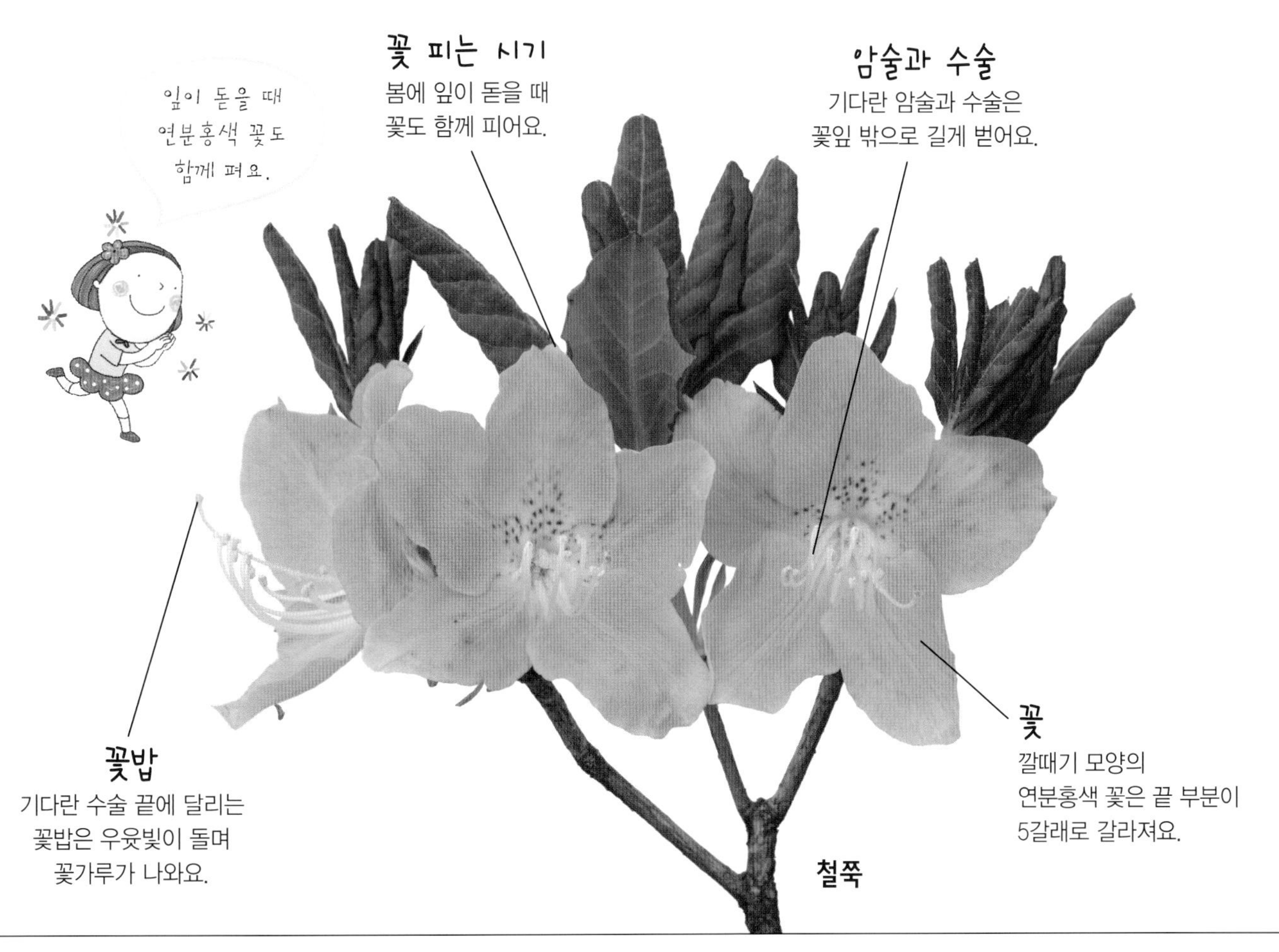

무화과와 천선과나무

무화과와 천선과나무는 가까운 친척으로 동그란 꽃주머니 속에 숨어서 꽃이 피기 때문에 꽃을 볼 수 없는 점이 닮았습니다. 무화과는 잎몸이 3~5갈래로 깊게 갈라지지만, 천선과나무의 타원형 잎몸은 갈라지지 않아요.

비교해 보세요

① 꽃주머니 모양이 비슷해요

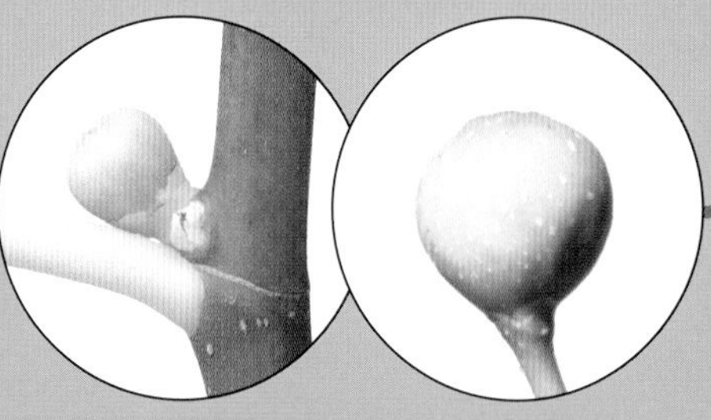

무화과와 천선과나무의 동그란 꽃주머니는 열매처럼 생겼어요.

② 잎 모양이 달라요

무화과의 잎몸은 3~5갈래로 깊게 갈라지고, 천선과나무의 타원형 잎은 끝이 뾰족해요.

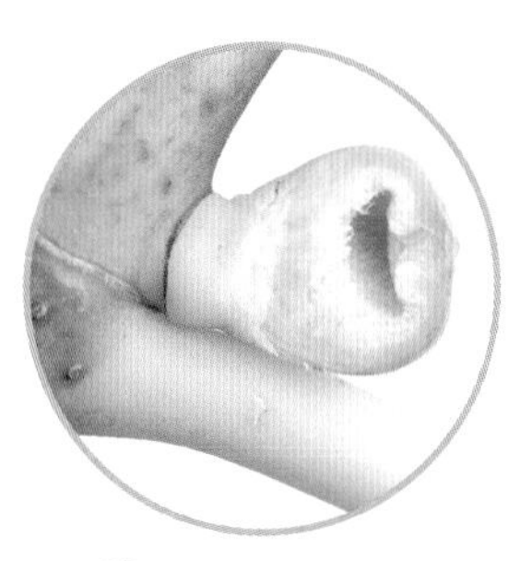

꽃주머니 단면
꽃주머니 안쪽 벽에 자잘한 꽃이 모여 피어요.

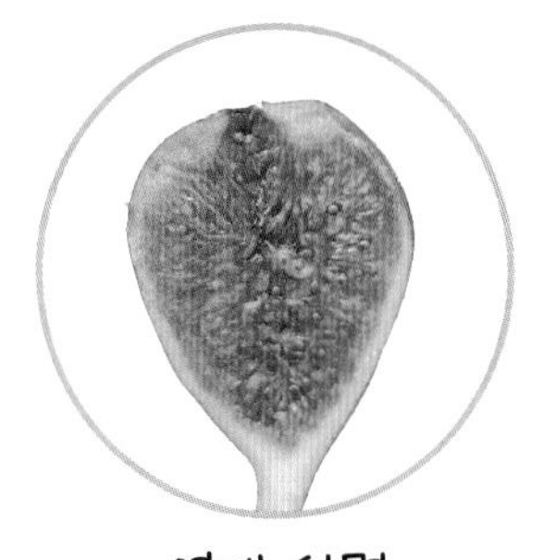

열매 단면
열매살은 부드럽고 달콤하며 씨와 함께 아작아작 씹히는 느낌이 좋아서 과일로 먹어요.

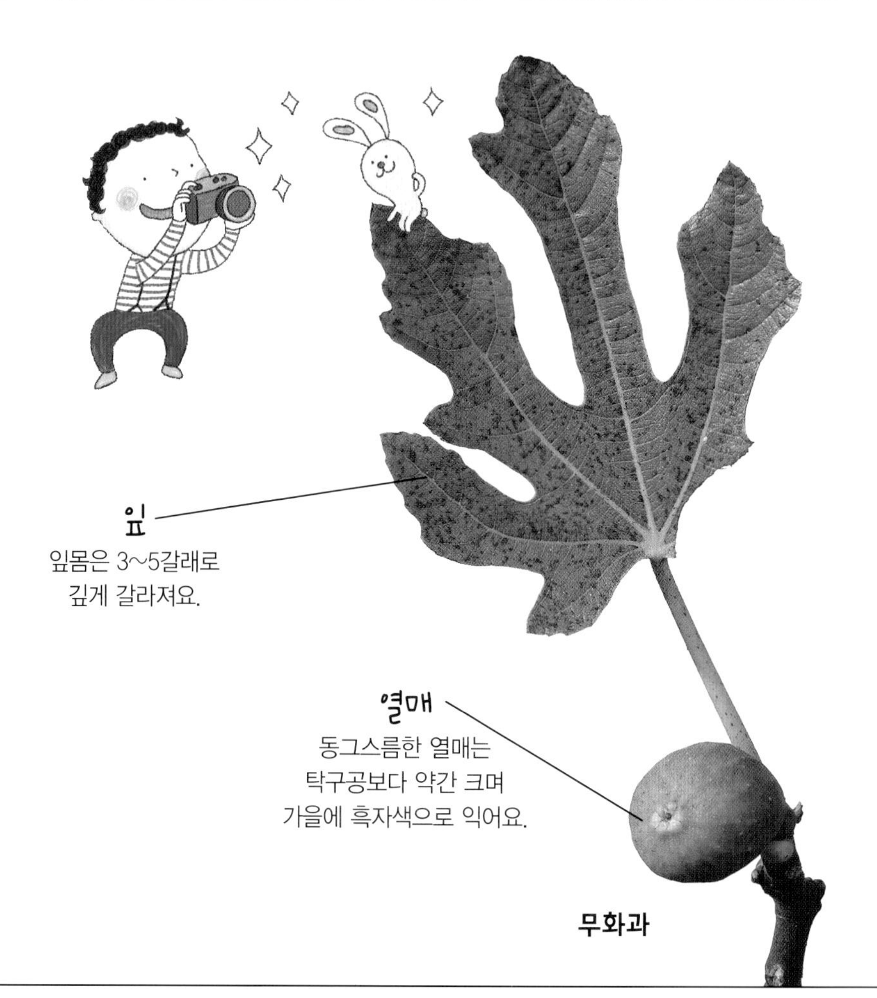

잎
잎몸은 3~5갈래로 깊게 갈라져요.

열매
동그스름한 열매는 탁구공보다 약간 크며 가을에 흑자색으로 익어요.

무화과

무화과는…

'무화과'는 꽃이 없는 과일이란 뜻으로 꽃은 볼 수가 없는데 열매가 열려서 붙여진 이름입니다. 꽃은 작은 열매 모양의 꽃주머니 속에 숨어서 핀답니다.

천선과나무는…

'천선과'는 하늘의 신선이 먹는 과일이란 뜻이에요. 하지만 먹어 보면 그렇게 뛰어난 맛은 아니랍니다. 열매의 모양을 보고 '젖꼭지나무'라고 부르기도 해요.

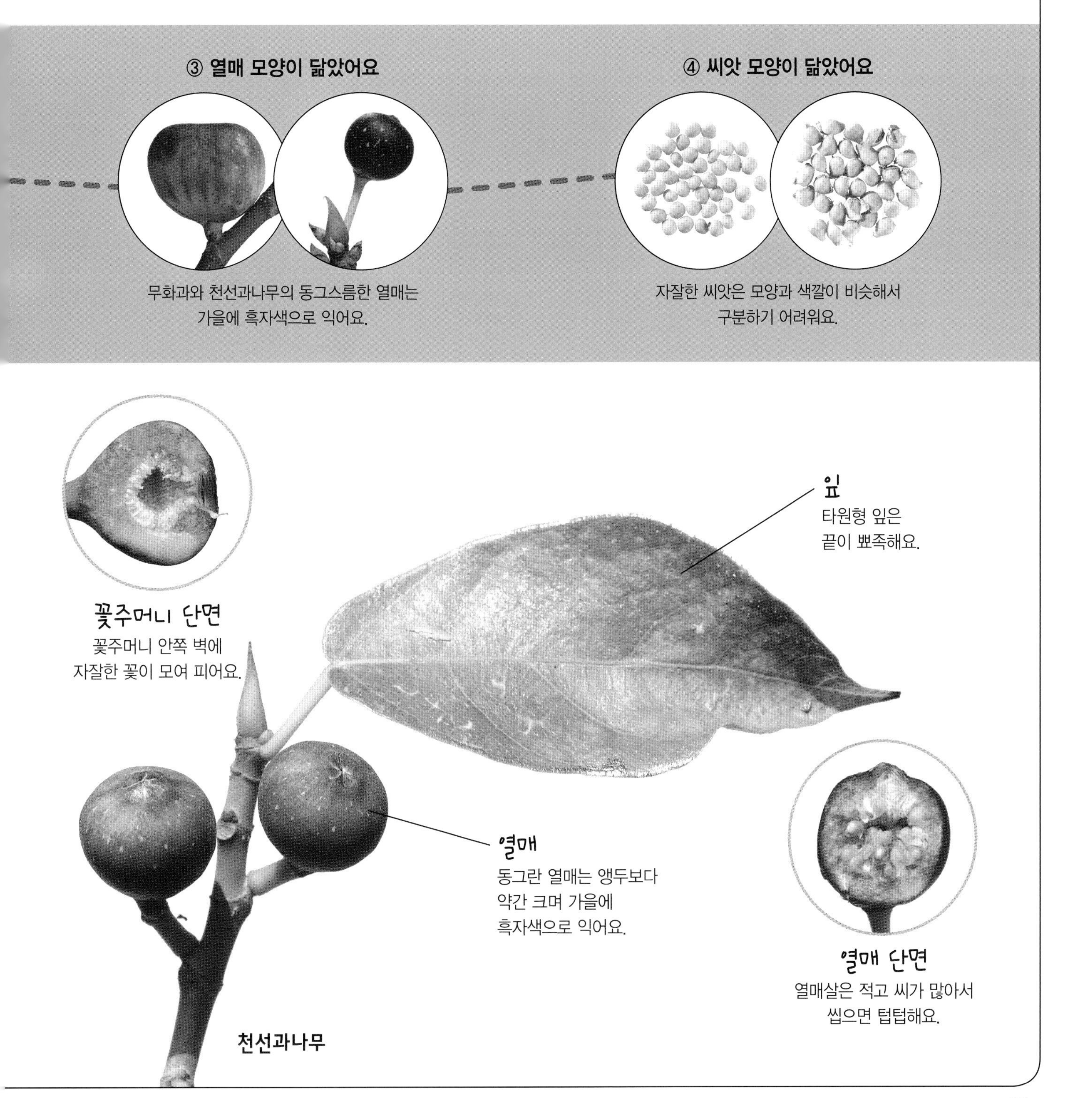

뽕나무와 닥나무

방귀 뽕뽕 뽕나무!

뽕나무와 닥나무는 가까운 친척으로 여러 개의 작은 열매가 모여서 열매송이가 되는 것이 닮았어요. 뽕나무 열매는 타원형이고 검은색으로 익지만, 닥나무 열매는 동그랗고 붉은색으로 익어요.

비교해 보세요

① 꽃송이 모양이 달라요

뽕나무의 꽃송이는 길쭉하고,
닥나무의 꽃송이는 동그랗습니다.

② 잎 모양의 변화가 심해요

뽕나무와 닥나무의 잎몸은 깊게 갈라지거나
갈라지지 않는 등 변화가 심해요.

뽕나무

뽕나무는…

마을 주변에서 자라며, 잎은 누에를 키우는 먹이로 이용해요. 누에를 길러 만든 누에고치에서 뽑아낸 명주실로 최고급 비단 옷감을 짤 수 있어요.

닥나무는…

산기슭이나 마을 주변에서 자라요. 가지를 꺾으면 '딱' 소리를 내며 부러져서 '딱나무'라고도 해요. 질긴 나무껍질을 벗겨 창호지와 같은 종이를 만드는 재료로 써요.

③ 열매 색깔이 달라요

뽕나무의 타원형 열매는 검은색으로 익고,
닥나무의 동그란 열매는 붉은색으로 익어요.
두 열매 모두 맛이 달콤해요.

④ 열매 속이 비슷해요

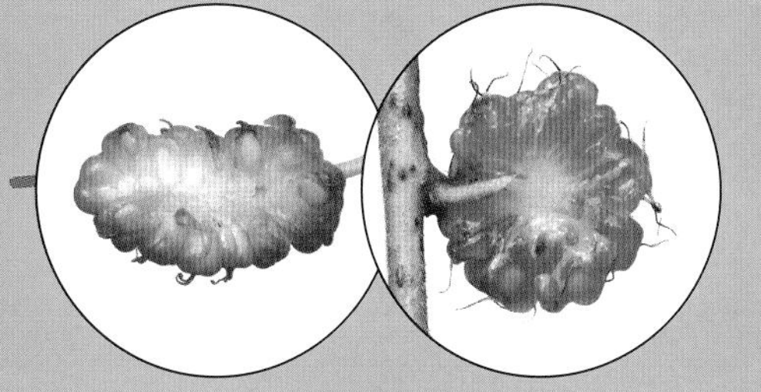

뽕나무와 닥나무의 열매송이에는
여러 개의 작은 열매가 촘촘히 붙어 있어요.

나무껍질
질긴 나무껍질을 벗겨
창호지를 만드는
재료로 써요.

열매
동그란 열매는
붉은색으로 익는데
맛이 달콤해요.

잎
잎몸은 깊게 갈라지거나
갈라지지 않는 등
변화가 심해요.

닥나무

산수국과 수국

산수국과 수국은 가까운 친척으로 꽃송이에 암술과 수술이 없어서 열매를 맺지 못하는 장식꽃을 가지고 있습니다. 산수국은 꽃송이 둘레에만 장식꽃이 있지만, 수국은 모두 장식꽃이라서 열매를 맺지 못합니다.

비교해 보세요

① 장식꽃 모양이 비슷해요

산수국과 수국의 장식꽃은 꽃잎이 3~5장이고,
색깔은 조금씩 달라요.

② 꽃송이 모양이 달라요

산수국은 장식꽃 안쪽에 열매를 맺는
자잘한 꽃이 피지만, 수국은 장식꽃만 피어요.

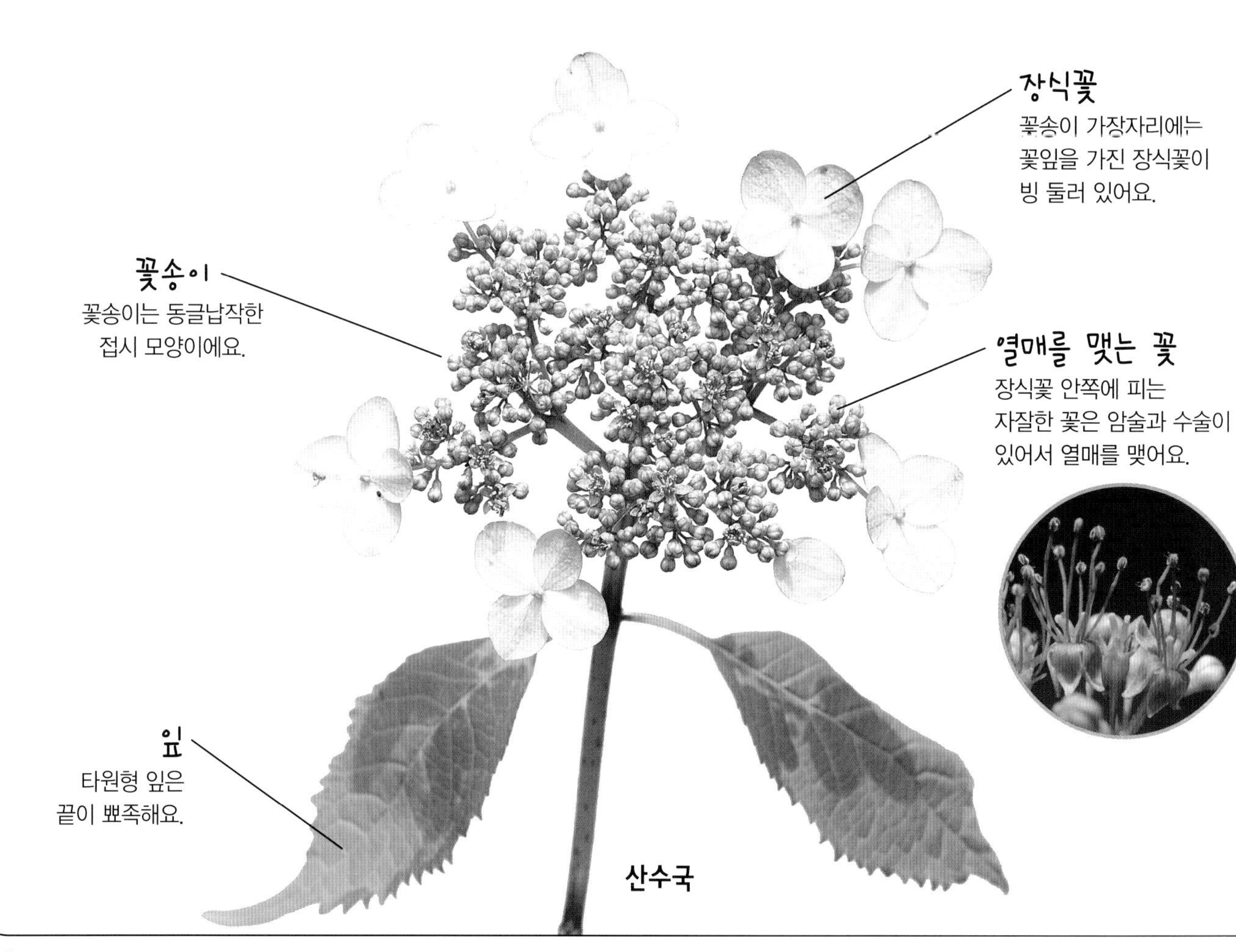

산수국

산수국은…

수국과 가까운 형제 나무로
산에서 자라서 '산수국'이라 해요.
산수국의 꽃송이는 흙의 성질에
따라 꽃 색깔이 분홍이나 푸른색
으로 변하는 특성이 있어요.

수국은…

꽃밭에 심어 길러요. 한자로는
'수구화(繡毬花)'라고 하는데
꽃송이가 비단에 수를 놓은 것처럼
아름답다는 뜻이에요. 열매를
맺지 못해서 꺾꽂이로 번식해요.

③ 잎 모양이 닮았어요

④ 열매가 있고 없어요

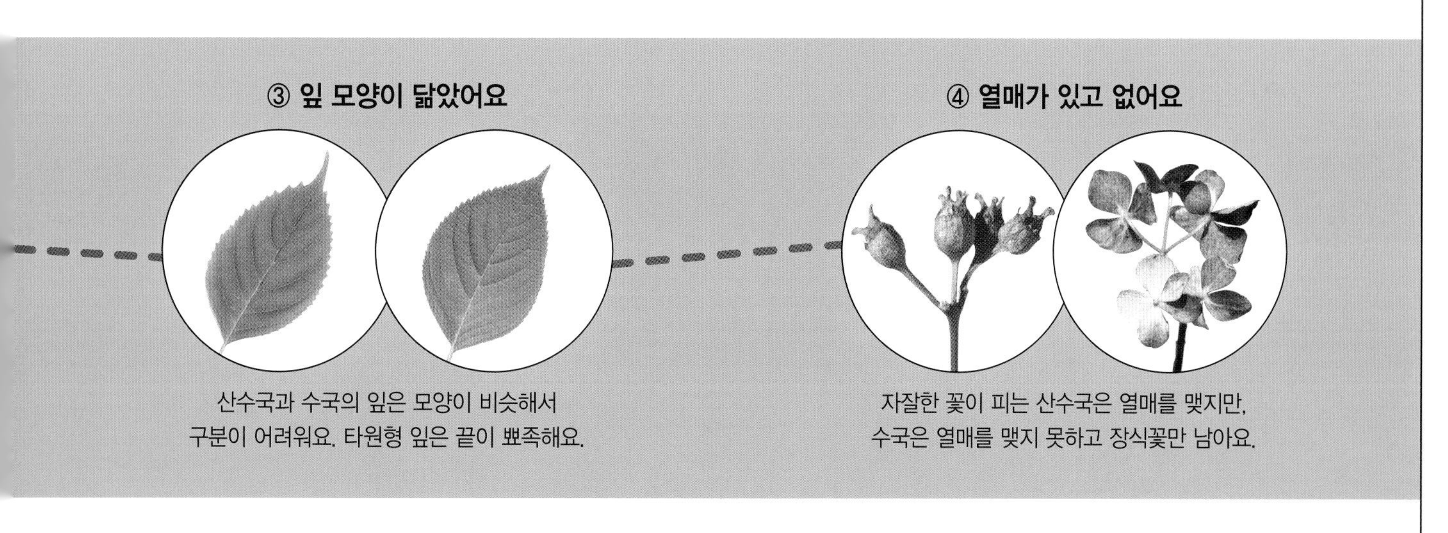

산수국과 수국의 잎은 모양이 비슷해서
구분이 어려워요. 타원형 잎은 끝이 뾰족해요.

자잘한 꽃이 피는 산수국은 열매를 맺지만,
수국은 열매를 맺지 못하고 장식꽃만 남아요.

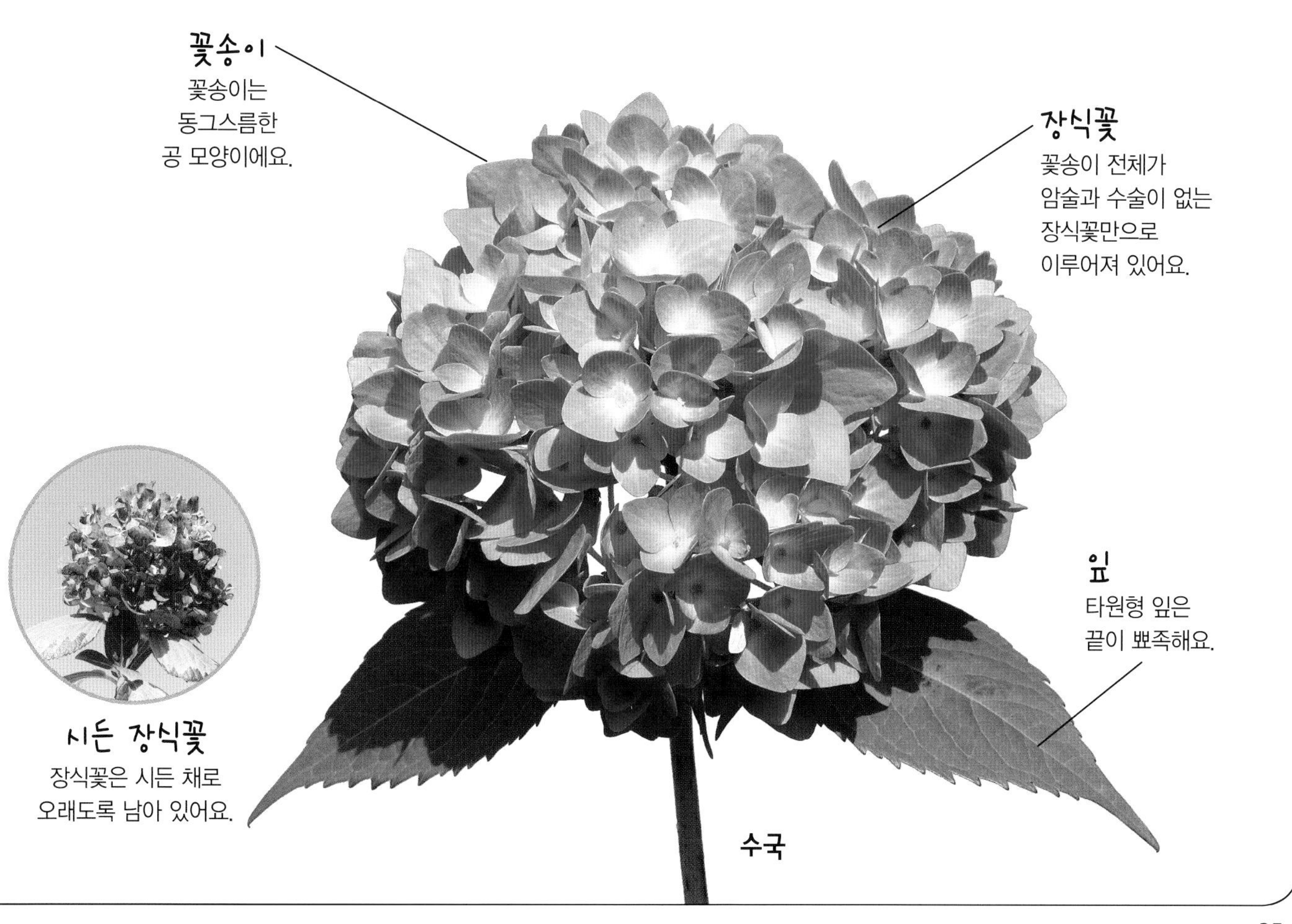

수국

칡과 등

칡뿌리로는 칡냉면이나 칡차 등을 만들어 먹기도 해요.

칡과 등은 가까운 친척으로 나비 모양의 꽃이 피고 꼬투리 열매가 열리는 것이 닮았어요. 칡의 붉은색 꽃송이는 위를 향하지만, 등의 연한 자주색 꽃송이는 밑으로 늘어져요.

비교해 보세요

① 꽃 색깔이 달라요

칡의 나비 모양 꽃은 붉은색이고,
등의 나비 모양 꽃은 연한 자주색이에요.

② 잎이 달리는 모양이 달라요

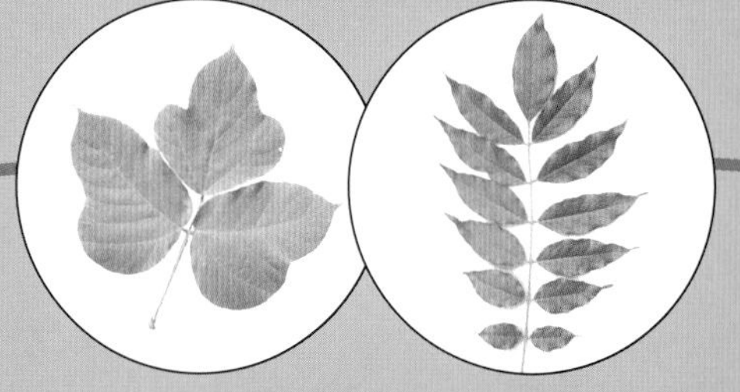

칡의 잎은 3장의 작은잎이 모여 달려요.
등의 잎은 작은잎이 새의 깃털 모양으로 마주 달려요.

칡은…

산에서 자라요. 길게 뻗는 덩굴로 다른 물체를 감고 빨리 올라갈 수 있어요. 사람들은 튼튼한 줄기를 새끼줄 대신 묶는 데 사용하거나 칡뿌리를 캐서 칡즙을 짜 마셔요.

등은…

공원에 심어 길러요. 기둥을 타고 올라가 지붕처럼 위를 덮어서 시원한 그늘을 만들어 줍니다. 질긴 덩굴줄기는 바구니, 의자와 같은 가구를 만드는 재료로 써요.

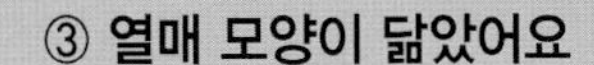

③ 열매 모양이 닮았어요

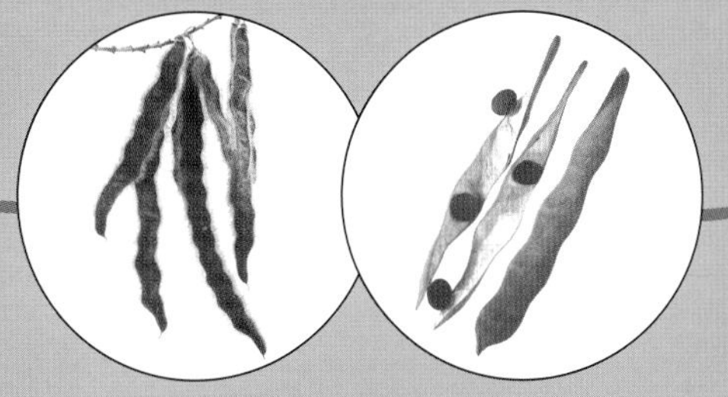

칡의 기다란 꼬투리 열매는 거센 털로 덮여 있고,
등의 기다란 꼬투리 열매는 융단 같은 털로 덮여 있어요.

④ 줄기 모양이 닮았어요

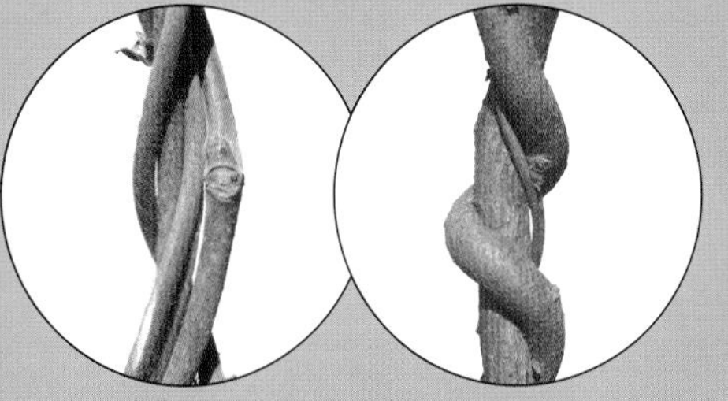

칡과 등의 덩굴줄기는 감기면서 자라요.

잎
잎은 작은잎이
새의 깃털처럼 마주 붙는
깃꼴겹잎이에요.

꽃
연한 자주색 꽃은
꽃송이 밑부분부터
차례대로 피어 내려가요.

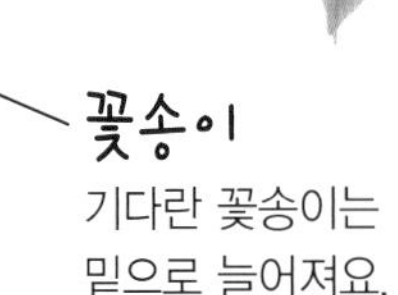

꽃송이
기다란 꽃송이는
밑으로 늘어져요.

등

단풍잎
잎은 가을에 노란색으로
단풍이 들어요.

민들레와 큰방가지똥

민들레와 큰방가지똥은 가까운 친척으로 노란색 꽃송이와 공 모양의 열매송이가 닮았어요. 민들레는 줄기가 없이 잎과 꽃이 뿌리에서 모여나는 풀이지만, 큰방가지똥은 뿌리에서 나온 줄기가 높이 자라는 풀이에요.

비교해 보세요

① 꽃 색깔이 비슷해요

민들레와 큰방가지똥의 노란색 꽃송이는 하늘을 보고 피어요.

② 꽃송이 밑부분이 달라요

민들레는 꽃송이 밑부분에 작은 조각이 있고, 큰방가지똥은 꽃송이 밑부분에 끈적이는 털이 있어요.

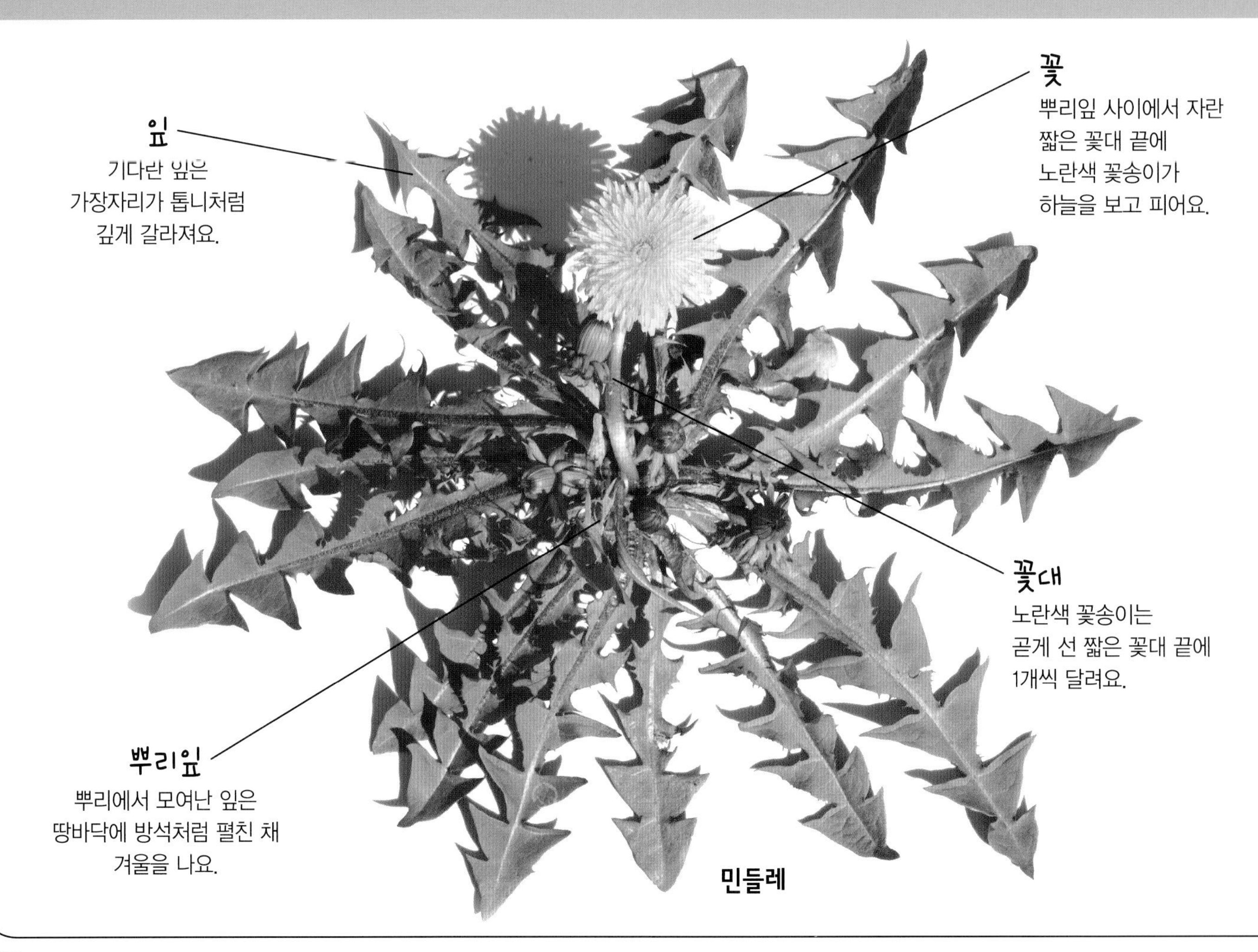

민들레

민들레는…

들이나 길가에서 자라요.
뿌리잎을 땅바닥에 방석처럼
펼친 채 겨울을 납니다. 봄이 되면
뿌리잎 사이에서 노란색 꽃이 피고,
민들레 잎은 나물로 먹어요.

큰방가지똥은…

들이나 길가에서 자라요.
봄이 되면 겨울을 난 뿌리잎
사이에서 줄기가 나와 팔 길이만큼
자란 후에 노란색 꽃이 핍니다.
봄에 뿌리잎을 나물로 먹어요.

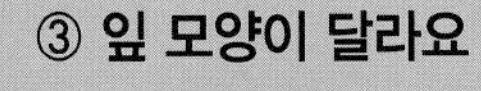

③ 잎 모양이 달라요

민들레 잎은 톱니처럼 깊게 갈라지지만,
큰방가지똥의 잎은 자잘한 톱니가 많이 있어요.

④ 열매 모양이 닮았어요

민들레와 큰방가지똥은 꽃이 지면
동그란 공 모양의 열매가 열려요.

제비꽃과 팬지

제비꽃과 팬지는 가까운 친척으로 꽃의 모양이 비슷해요.
들에서 저절로 자라는 제비꽃은 잎이 길쭉한 타원 모양이지만,
꽃밭에서 기르는 팬지의 잎은 달걀 모양이며 큰 턱잎이 있어요.

비교해 보세요

① 꽃 모양이 비슷해요

꽃잎이 5갈래로 갈라져 벌어진 모양은 비슷하지만
꽃잎의 무늬와 색깔은 달라요.

② 꽃뿔이 길고 짧아요

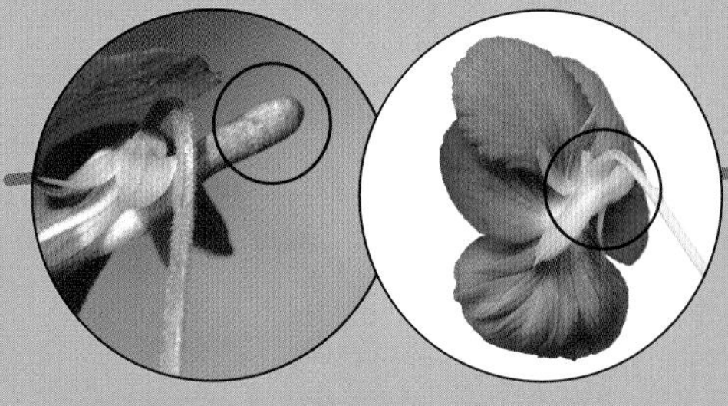

꽃의 뒷부분에 꿀을 담고 있는 꽃뿔이 있는데
제비꽃은 길고, 팬지는 짧아요.

꽃
긴 꽃자루 끝에 달리는 꽃은
옆을 보고 피어요.

뿌리잎
길쭉한 뿌리잎은
긴 자루가 있어요.
뿌리에서 뿌리잎과 꽃이
무더기로 모여나와요.

제비꽃

씨앗
셋으로 갈라진 열매 속에
씨가 가득 들어 있어요.

노랑제비꽃
제비꽃 중에도 팬지처럼
줄기가 있는 것도 있어요.

제비꽃은…

들에서 자라며 봄에 제비가 올 때쯤 자주색 꽃이 피어서 '제비꽃'이라고 합니다.
꽃 모양이 씨름을 하는 모습과 비슷해 '씨름꽃'이라고도 해요.

팬지는…

봄의 화단을 장식하는 대표적인 화초입니다. '팬지'는 근심이란 뜻을 가진 프랑스말로 꽃잎의 무늬가 근심스런 얼굴 표정과 비슷해서 붙여진 이름이에요.

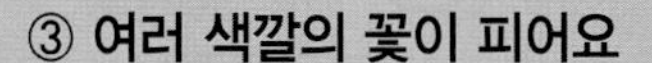

③ 여러 색깔의 꽃이 피어요

제비꽃과 팬지는 종에 따라서 여러 색깔의 꽃이 피어요.

④ 잎 모양이 달라요

제비꽃은 잎이 길쭉하고, 팬지는 달걀 모양의 잎 밑부분에 2개의 커다란 턱잎이 있어요.

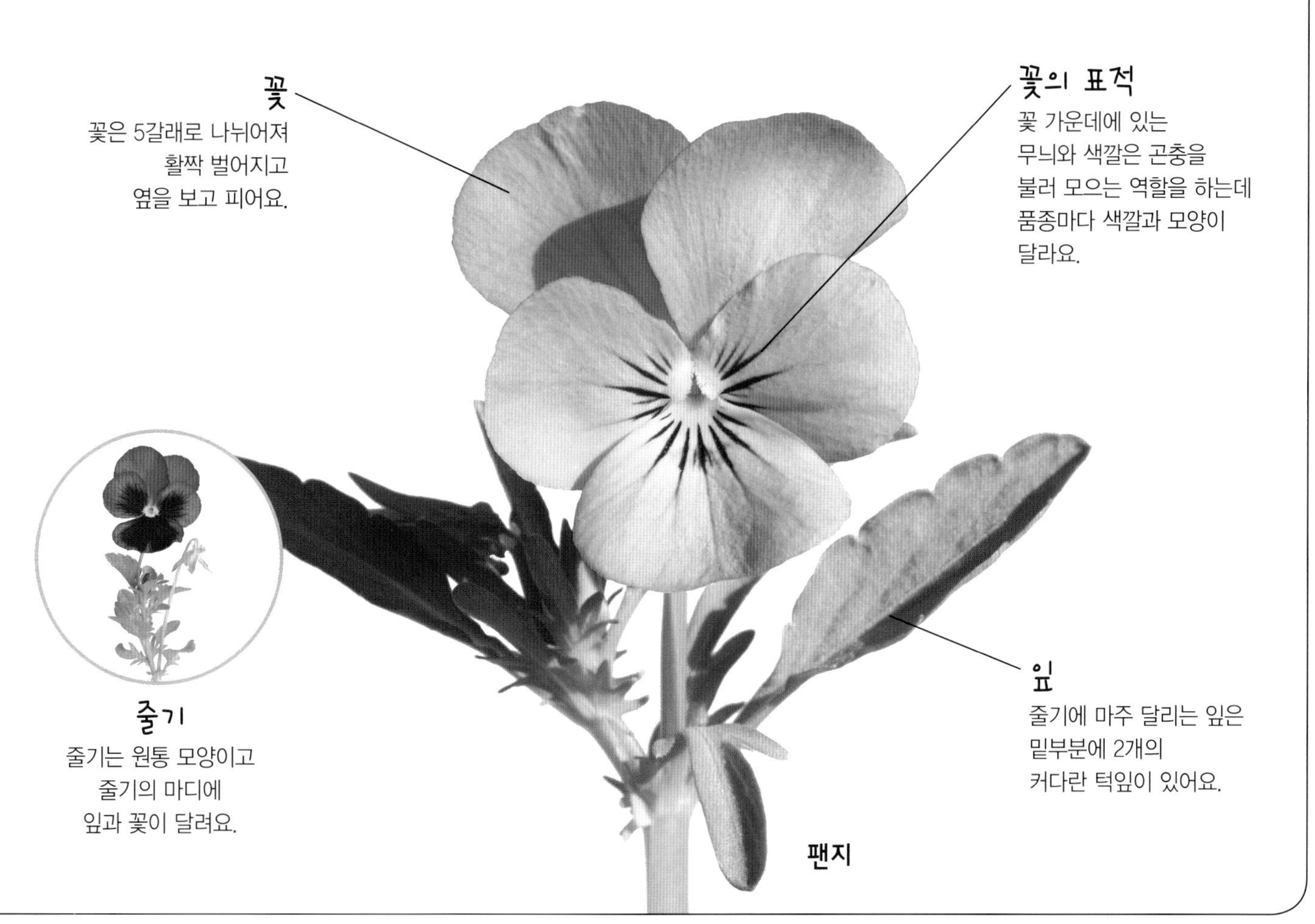

엉겅퀴와 지느러미엉겅퀴

엉겅퀴와 지느러미엉겅퀴는 가까운 친척으로 꽃송이와 가시가 있는 잎의 모양이 비슷해요. 엉겅퀴는 줄기가 부드러운 털로 덮여 있지만, 지느러미엉겅퀴는 줄기에 지느러미 모양의 날개가 있어요.

비교해 보세요

① 꽃송이 밑부분이 달라요

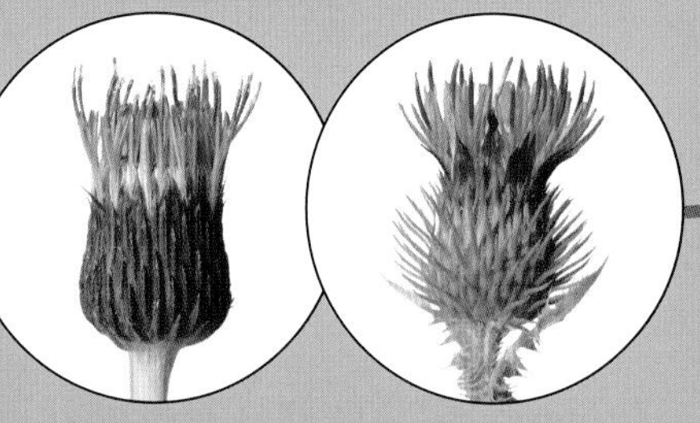

엉겅퀴의 꽃송이 밑부분은 적자색 조각으로 덮여 있고, 지느러미엉겅퀴는 녹색 조각으로 덮여 있어요.

② 잎 모양이 닮았어요

엉겅퀴와 지느러미엉겅퀴의 잎은 새깃 모양으로 갈라지는데, 날카로운 가시가 있어서 찔리면 아파요.

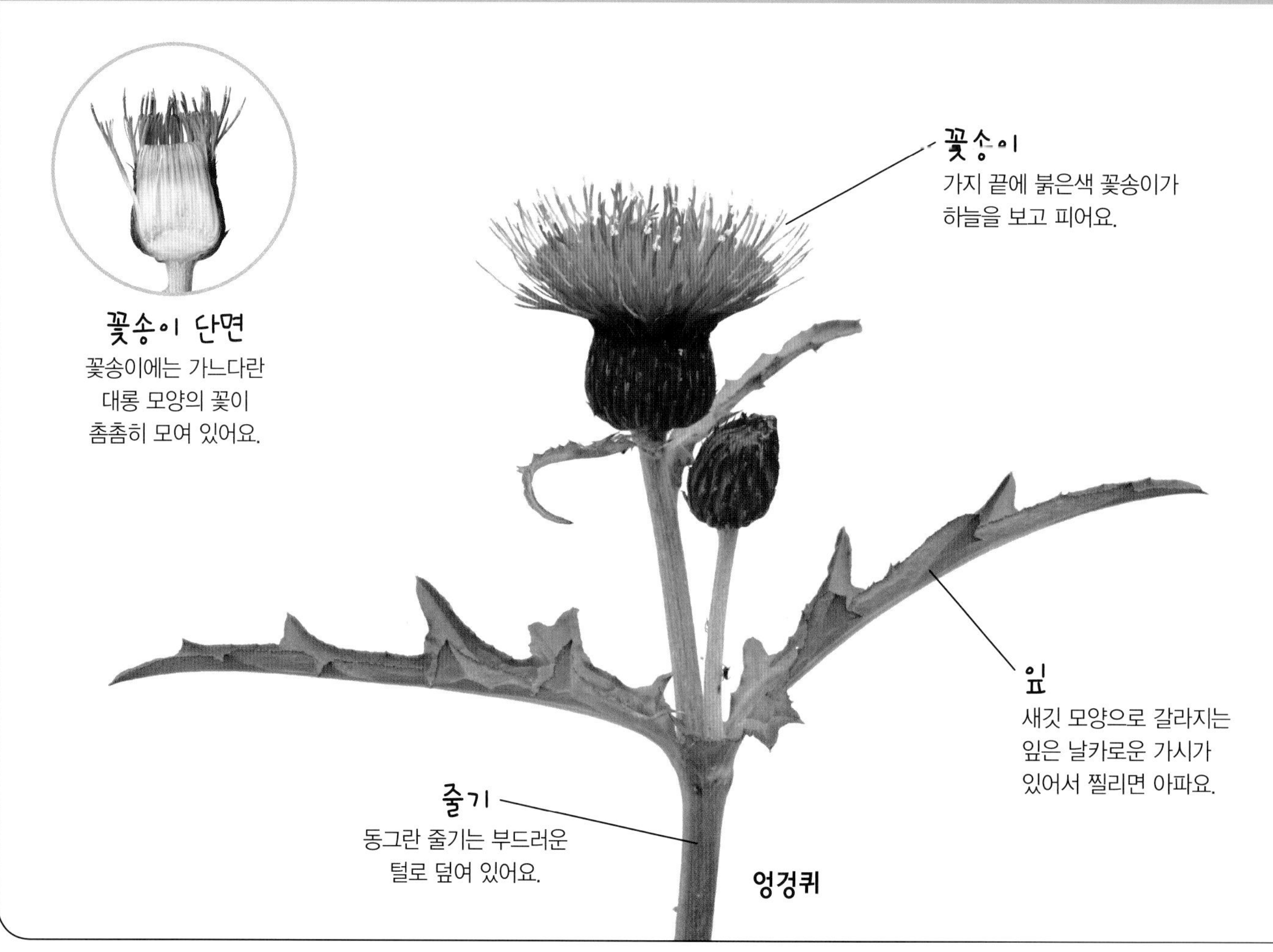

엉겅퀴는…

산과 들에서 자라며, 피를 엉키게 하는 효과가 있기 때문에 '엉겅퀴'라고 해요. 봄에 가시가 있는 뿌리잎을 뜯어서 나물로 먹기 때문에 '가시나물'이라고도 해요.

지느러미엉겅퀴는…

들이나 밭에서 자라며, 줄기에 지느러미가 있는 엉겅퀴 종류라서 '지느러미엉겅퀴'라고 해요. 지느러미 날개에는 잎처럼 가시가 있어서 가축이 먹을 수 없어요.

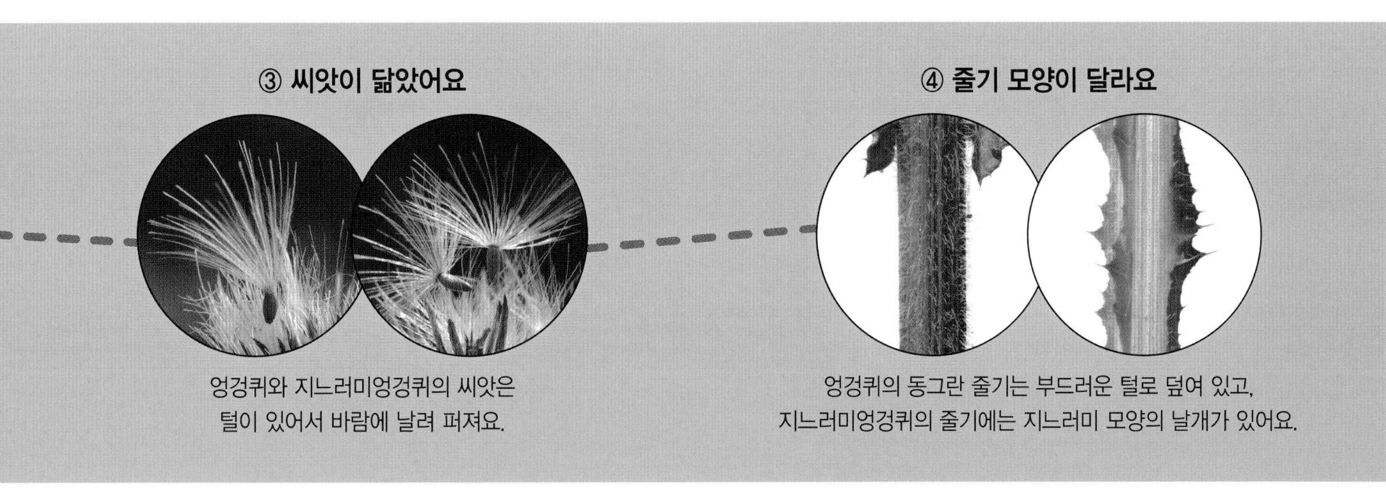

③ 씨앗이 닮았어요

엉겅퀴와 지느러미엉겅퀴의 씨앗은 털이 있어서 바람에 날려 퍼져요.

④ 줄기 모양이 달라요

엉겅퀴의 동그란 줄기는 부드러운 털로 덮여 있고, 지느러미엉겅퀴의 줄기에는 지느러미 모양의 날개가 있어요.

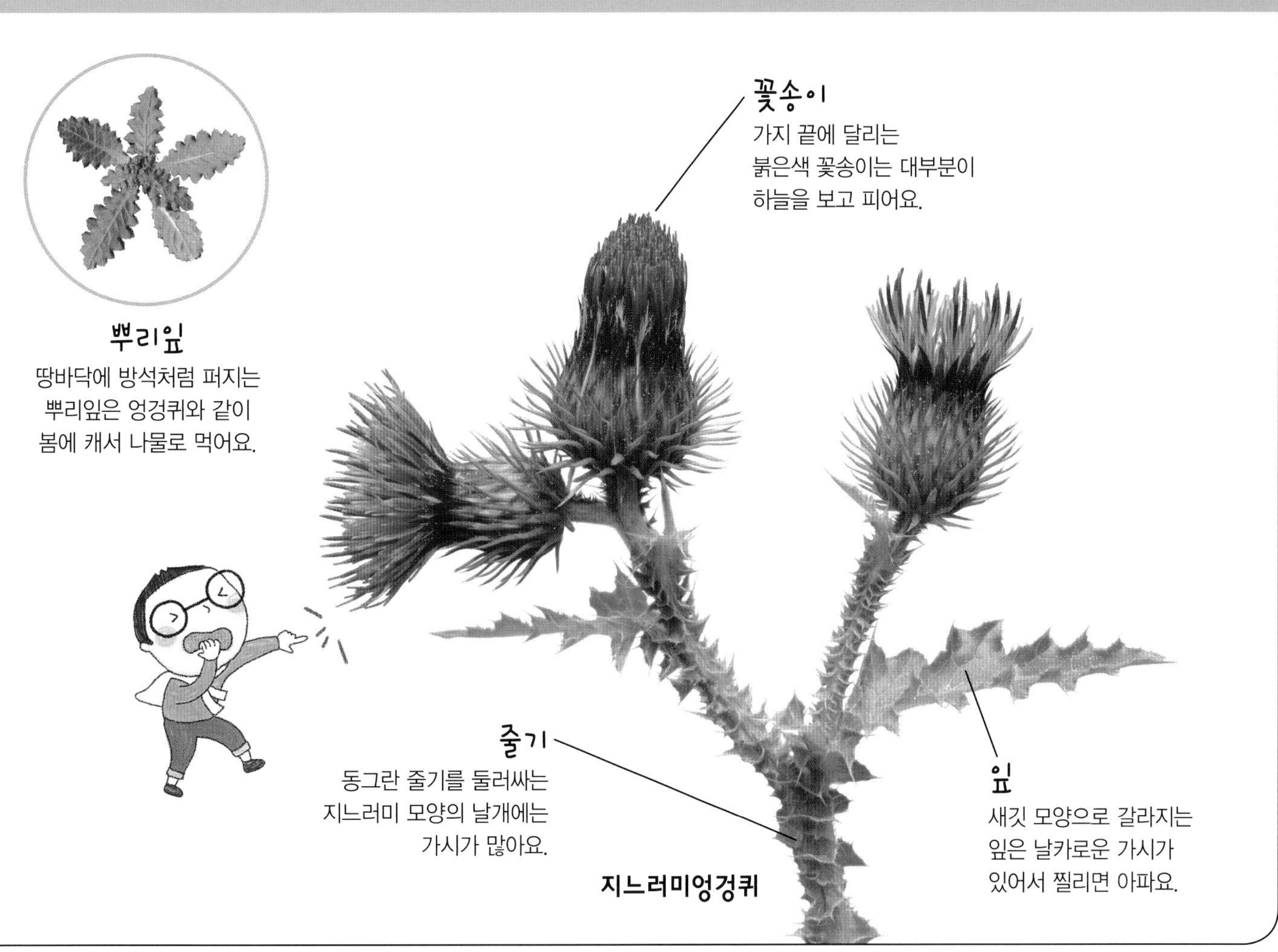

뿌리잎
땅바닥에 방석처럼 퍼지는 뿌리잎은 엉겅퀴와 같이 봄에 캐서 나물로 먹어요.

꽃송이
가지 끝에 달리는 붉은색 꽃송이는 대부분이 하늘을 보고 피어요.

줄기
동그란 줄기를 둘러싸는 지느러미 모양의 날개에는 가시가 많아요.

잎
새깃 모양으로 갈라지는 잎은 날카로운 가시가 있어서 찔리면 아파요.

지느러미엉겅퀴

애기똥풀과 피나물

애기똥풀과 피나물은 가까운 친척으로 꽃과 열매의 모양이 비슷해요.
애기똥풀은 줄기를 자르면 노란색 즙이 나오고,
피나물은 줄기를 자르면 붉은색 즙이 나와요.

비교해 보세요

① 꽃 모양이 비슷해요

애기똥풀과 피나물은 보통 꽃잎이 4장이고
가운데에 많은 노란색 수술이 모여 있어요.

② 잎 모양이 달라요

애기똥풀의 잎은 새의 깃털 모양으로 갈라지고,
피나물의 작은잎은 새의 깃털 모양으로 마주 달려요.

애기똥풀

애기똥풀은…

숲 가장자리나 빈터에서 자라요. 줄기를 자르면 나오는 노란색 즙이 아기의 똥 색깔이라서 '애기똥풀'이라고 해요. 이 즙은 독이 있으므로 먹으면 안 돼요.

피나물은…

숲 속에서 자라요. 줄기를 자르면 불그스레한 즙이 나오고 새싹을 나물로 먹기 때문에 '피나물'이라고 해요. 하지만 새싹은 독이 있으므로 물에 우려내야 해요.

③ 열매 모양이 닮았어요

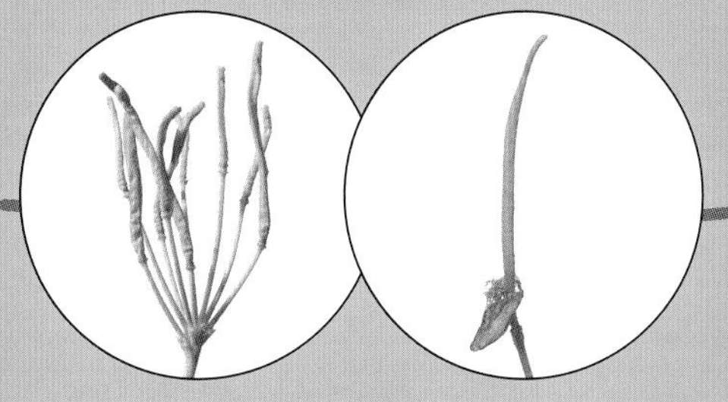

애기똥풀과 피나물은 꽃이 지면 기다란 열매가 열려요.

④ 줄기 즙의 색깔이 달라요

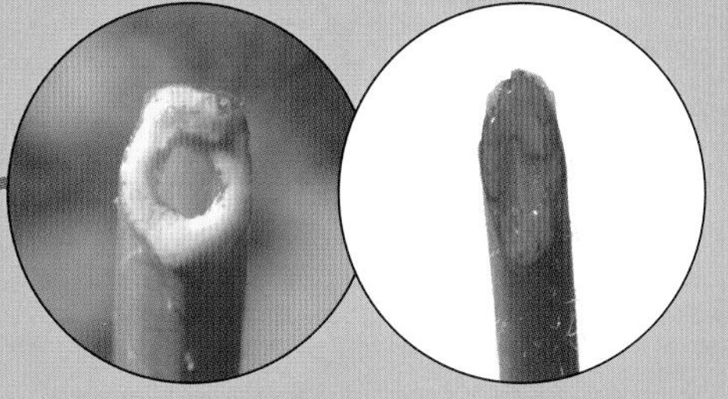

애기똥풀은 줄기를 자르면 노란색 즙이 나오고, 피나물은 줄기를 자르면 붉은색 즙이 나와요.

※ 꽃가루받이 – 수술의 꽃가루가 암술머리에 묻는 현상으로, 꽃가루받이가 이루어져야 꽃이 열매를 맺어요.

봉숭아와 물봉선

봉숭아와 물봉선은 가까운 친척으로 꽃의 모양과 열매가 터지면서 씨앗이 튕겨 나가는 모습이 비슷해요. 봉숭아 꽃의 꽃뿔은 밑으로 약간 휘지만, 물봉선의 꽃뿔은 끝 부분이 용수철처럼 안쪽으로 말려요.

① 꽃 모양이 비슷해요

봉숭아와 물봉선은 꽃 모양이
봉황새를 닮았어요.

② 꽃뿔 모양이 달라요

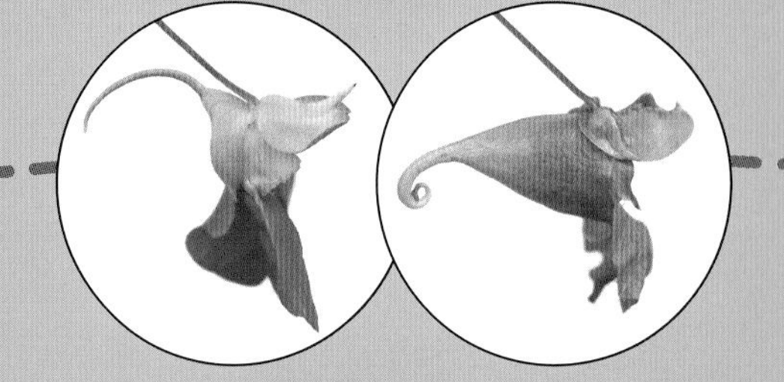

봉숭아의 가느다란 꽃뿔은 밑으로 약간 휘어지고,
물봉선의 꽃뿔은 끝 부분이 안쪽으로 말려요.

잎
잎은 길쭉하고
끝이 뾰족해요.

꽃뿔
꽃 뒷부분에 있는
가늘고 긴 꽃뿔은
밑으로 약간 휘어져요.

꽃
꽃은 잎겨드랑이에서
나온 꽃자루에 매달려
옆을 보고 피어요.

어린 열매

열매
열매는 익으면 저절로
터지는 힘으로 동그란 씨앗을
튕겨 보내요.

줄기
통통한 줄기는
물기가 많아요.

봉숭아

봉숭아는…

꽃밭에 심어요. '봉선화'라고도 부르는데 꽃의 모양이 전설 속에 나오는 봉황새를 닮아서 붙여진 이름이에요. 꽃과 잎을 백반과 함께 찧어서 손톱에 물을 들여요.

물봉선은…

산골짜기 냇가에서 무리를 이루며 자라요. 봉선화와 가까운 친척으로 꽃이 봉황을 닮았고 물가에서 잘 자라기 때문에 '물봉선'이라고 해요.

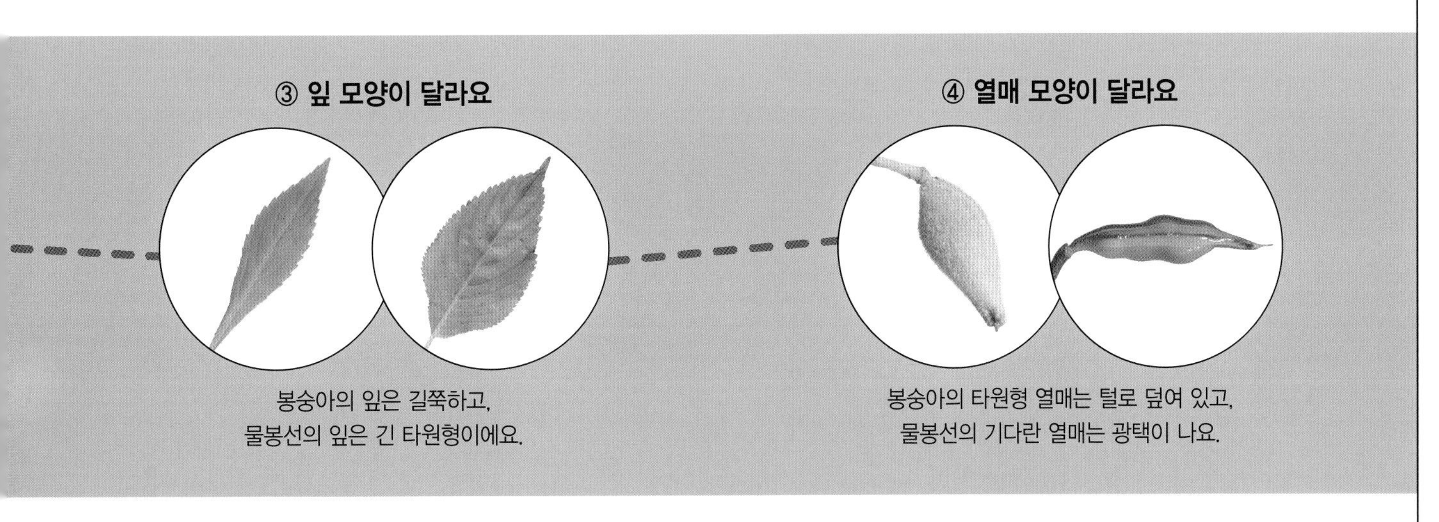

봉숭아의 잎은 길쭉하고,
물봉선의 잎은 긴 타원형이에요.

봉숭아의 타원형 열매는 털로 덮여 있고,
물봉선의 기다란 열매는 광택이 나요.

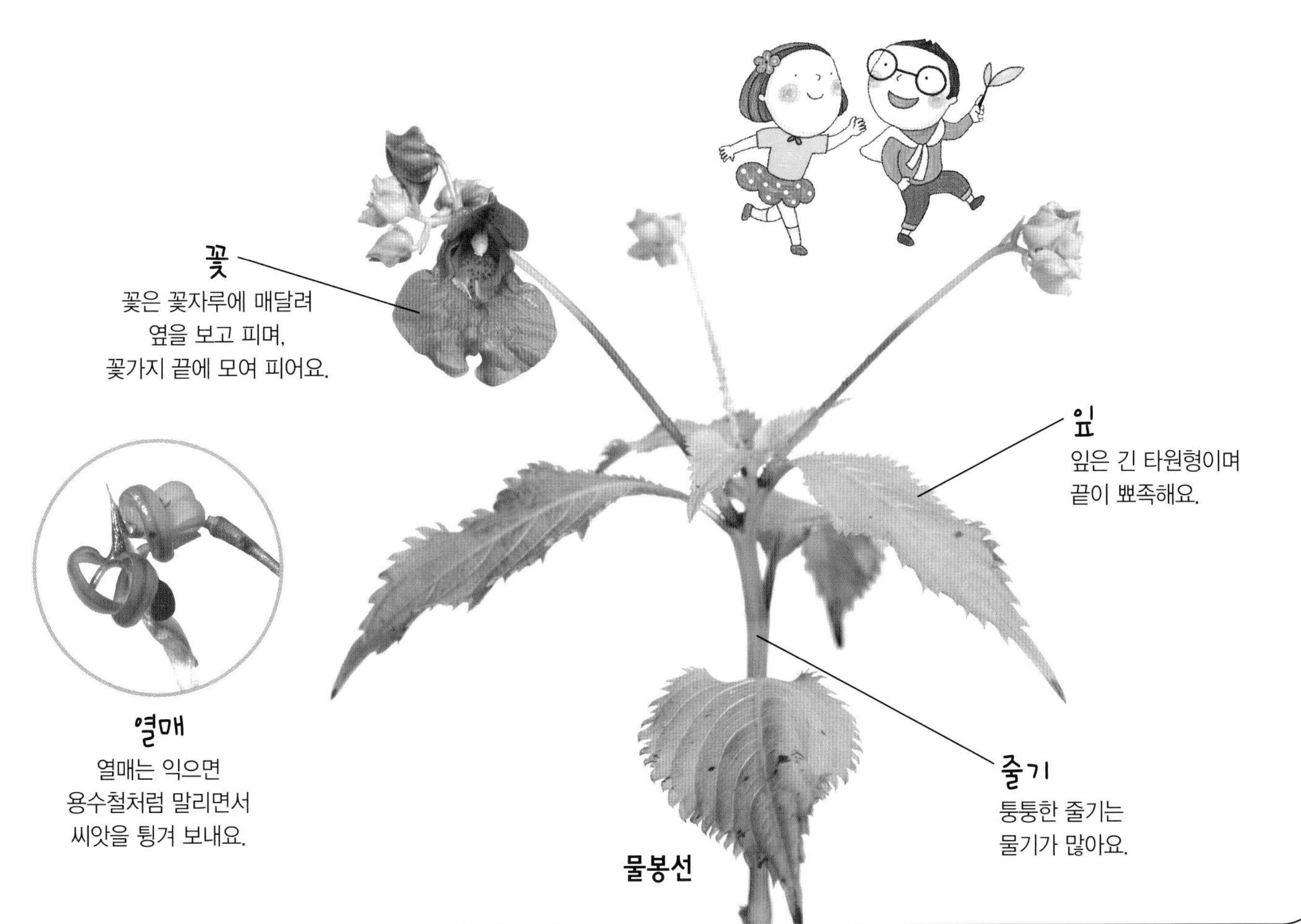

나리와 원추리

원추리의 어린 싹은 '넘나물'이라고 하며 나물로 먹어요.

나리와 원추리는 먼 친척으로 6장의 꽃잎이 나팔 모양으로 벌어지며 꽃이 피는 모습이 비슷해요. 나리는 줄기에 잎이 달리지만, 원추리는 잎이 뿌리에서 모여나요.

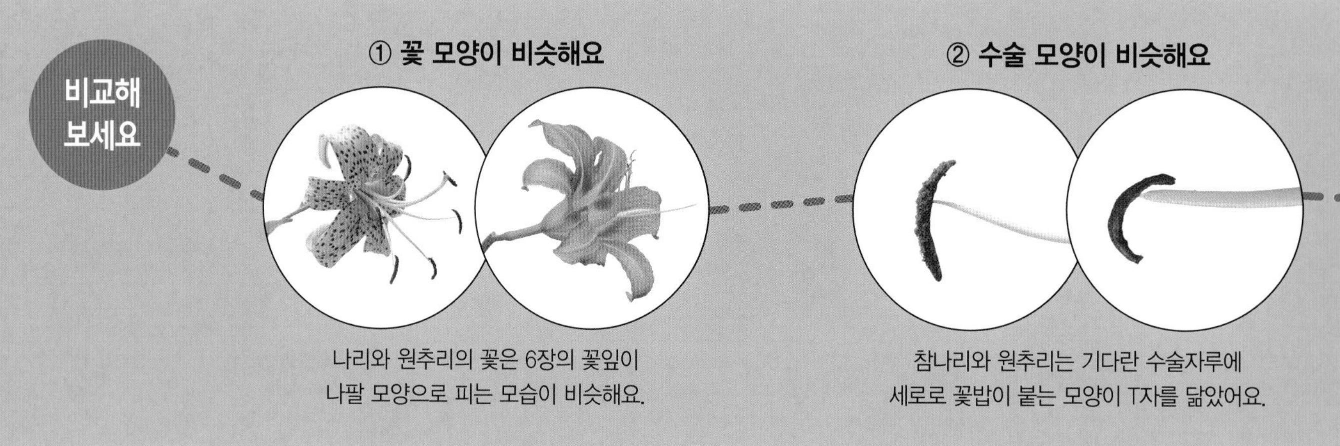

나리와 원추리의 꽃은 6장의 꽃잎이 나팔 모양으로 피는 모습이 비슷해요.

참나리와 원추리는 기다란 수술자루에 세로로 꽃밥이 붙는 모양이 T자를 닮았어요.

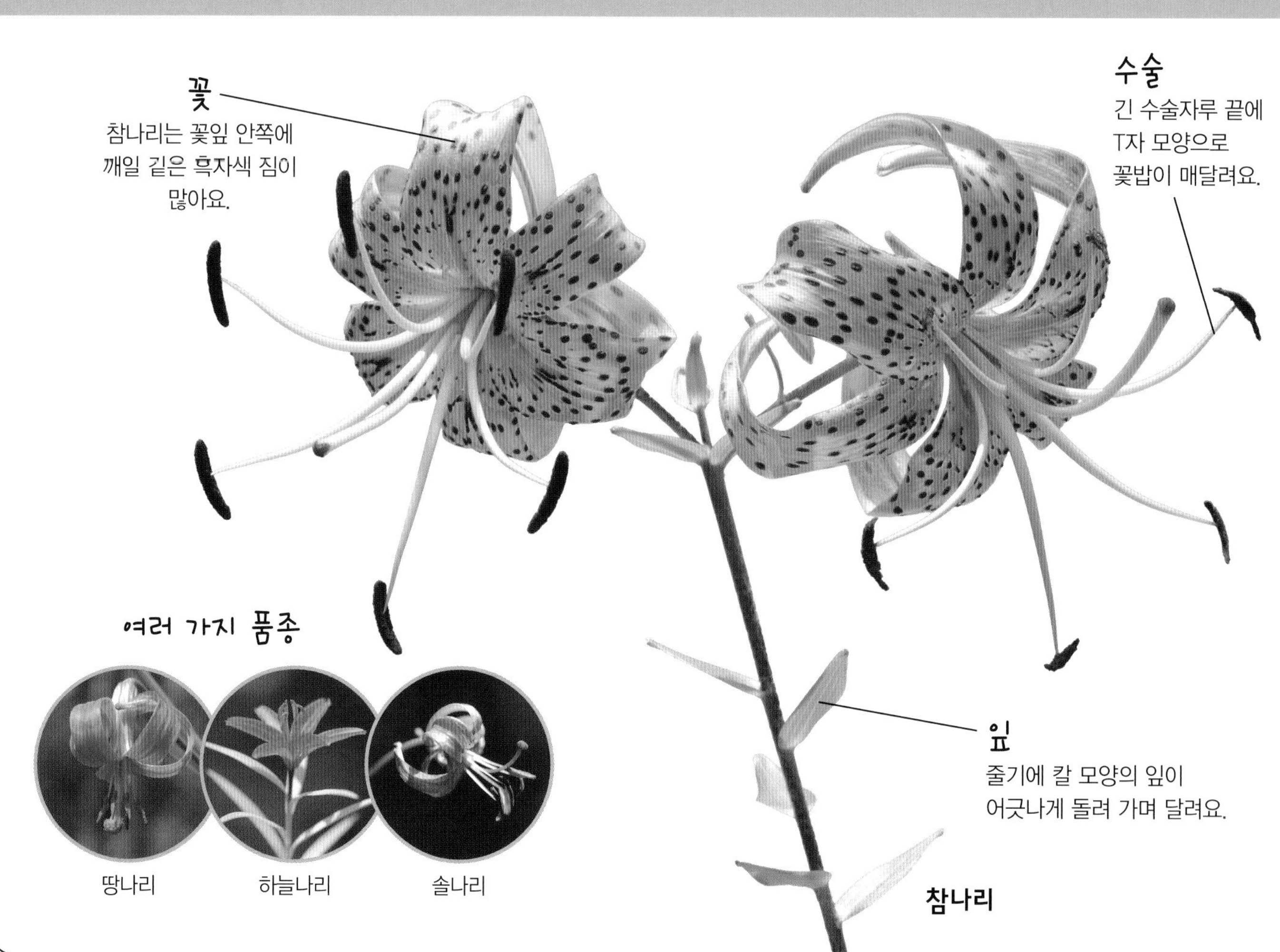

나리는…

산과 들에는 꽃의 모양이 비슷한 말나리, 중나리, 땅나리 등 여러 종류의 나리가 자라요. 나리 중에서 참나리는 가장 뛰어나서 '진짜 나리'란 뜻으로 이름 지어졌어요.

원추리는…

꽃밭에 심어 길러요. 여름에 잎 사이에서 자란 꽃줄기 끝에 나리와 비슷한 꽃이 핍니다. 산에서 자라는 원추리 종류는 노란색 꽃이 피는데 모두 '원추리'라고 불러요.

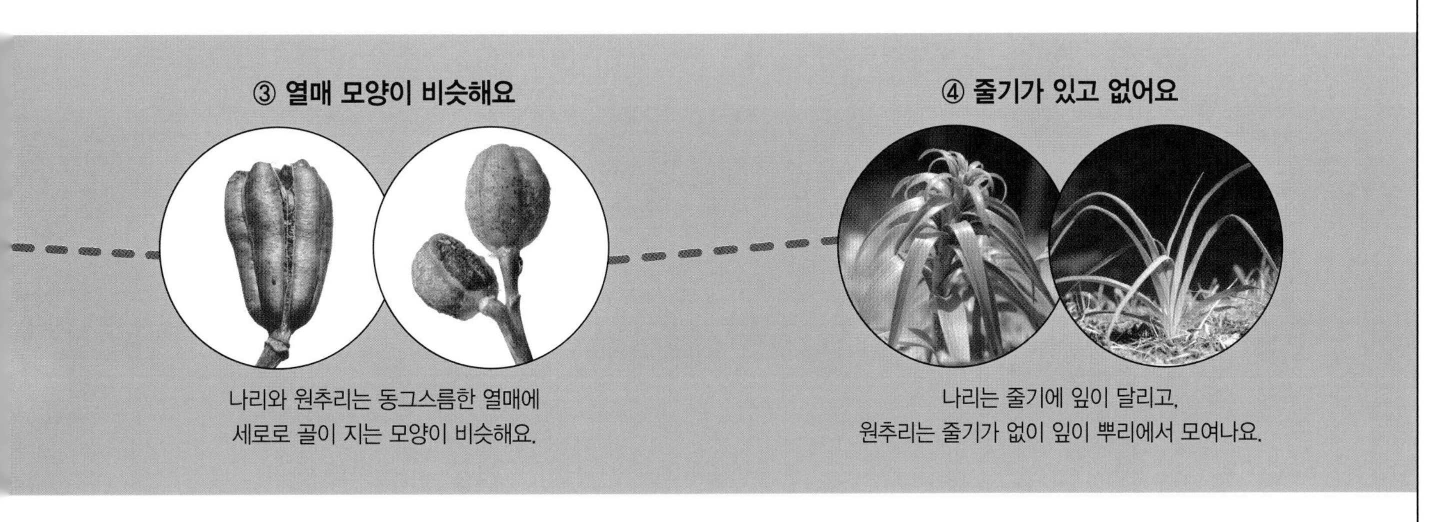

③ 열매 모양이 비슷해요

나리와 원추리는 동그스름한 열매에 세로로 골이 지는 모양이 비슷해요.

④ 줄기가 있고 없어요

나리는 줄기에 잎이 달리고, 원추리는 줄기가 없이 잎이 뿌리에서 모여나요.

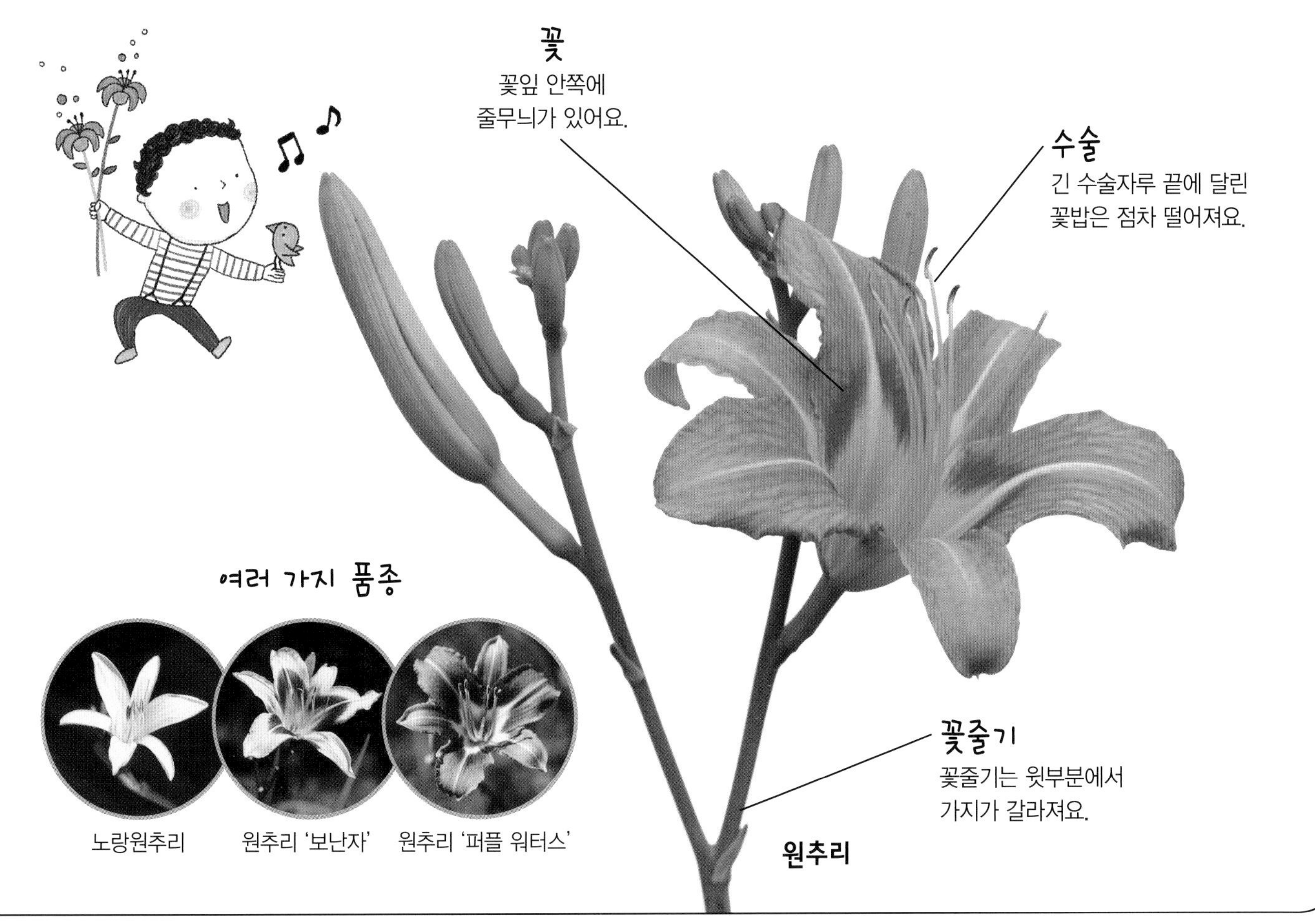

원추리

산국과 해국

산국과 해국은 먼 친척으로 모두 국화 모양의 꽃이 피기 때문에 흔히 들국화라고 합니다. 주로 산에서 자라는 산국은 노란색 꽃이 피지만, 바닷가에서 자라는 해국은 연한 자주색 꽃이 핍니다.

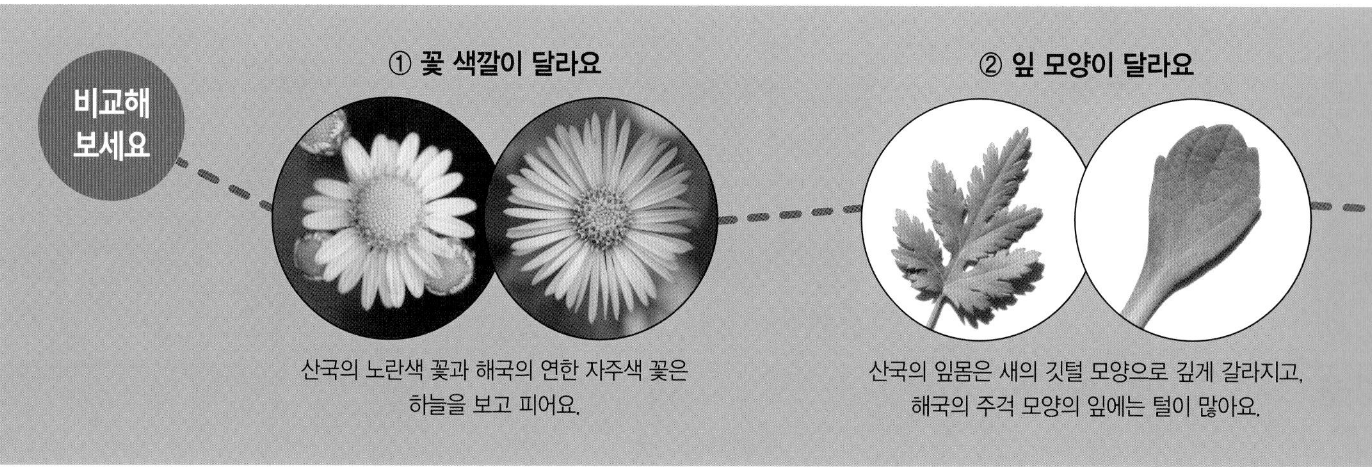

산국의 노란색 꽃과 해국의 연한 자주색 꽃은 하늘을 보고 피어요.

산국의 잎몸은 새의 깃털 모양으로 깊게 갈라지고, 해국의 주걱 모양의 잎에는 털이 많아요.

꽃송이
가지 끝에 노란색 꽃이 모여 피는데 향기가 진해요.

꽃
국화 모양의 노란색 꽃은 동전보다 작아요.

잎
잎몸은 새의 깃털처럼 깊게 갈라져요.

국화
꽃이 큼직하고 겹꽃이 피는 품종도 있어요.

산국

산국은…

산에서 흔히 볼 수 있고 작은 국화 모양의 꽃이 피어서 '산국'이라고 해요. 꽃을 따서 국화차를 끓여 마시거나 찹쌀가루 반죽에 꽃잎을 얹어 국화전을 부쳐 먹어요.

해국은…

바닷가에서 자라며 국화 모양의 꽃이 피어서 '해국'이라고 해요. 바닷가 바위 틈에서 거센 바람을 맞으며 자라서인지 가을에 핀 꽃은 향기가 무척 진해요.

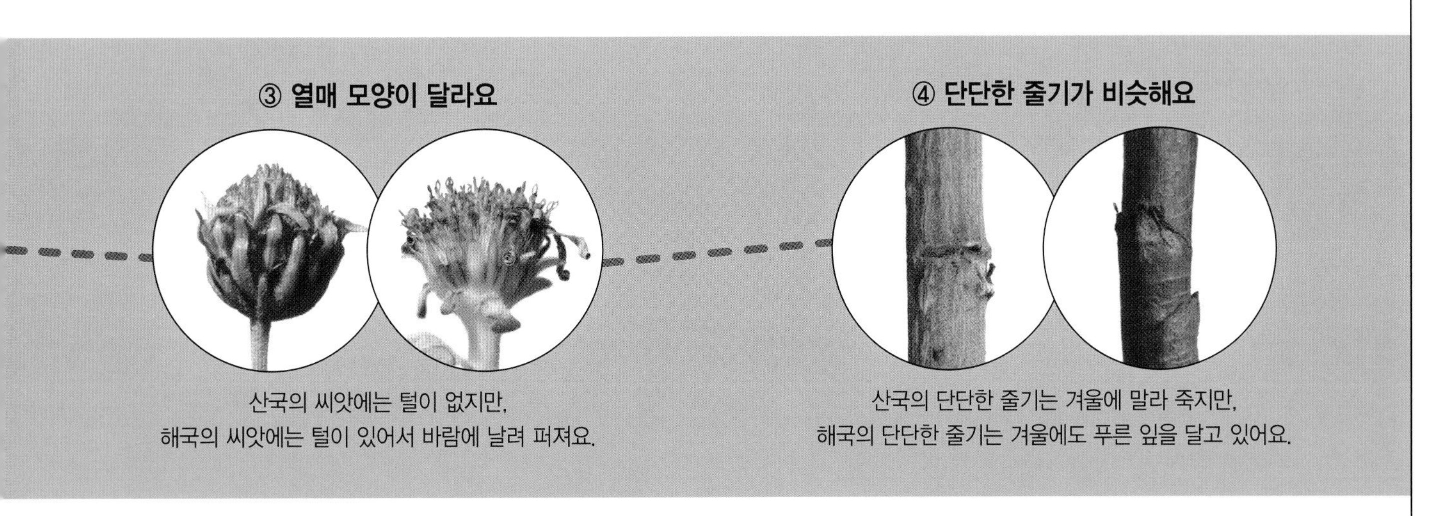

③ 열매 모양이 달라요

산국의 씨앗에는 털이 없지만,
해국의 씨앗에는 털이 있어서 바람에 날려 퍼져요.

④ 단단한 줄기가 비슷해요

산국의 단단한 줄기는 겨울에 말라 죽지만,
해국의 단단한 줄기는 겨울에도 푸른 잎을 달고 있어요.

토끼풀과 자운영

토끼풀과 자운영은 가까운 친척으로 나비 모양의 꽃이 모여 달린 동그란 꽃송이의 생김새가 비슷해요. 토끼풀은 꽃송이가 흰색이지만, 자운영은 꽃송이가 자주색이고 잎의 모양도 서로 달라요.

토끼풀은 정말 맛있어요.

비교해 보세요

① 꽃 색깔이 달라요

동그란 꽃송이는 비슷하지만
토끼풀은 흰색이고, 자운영은 자주색이에요.

② 꽃 모양이 비슷해요

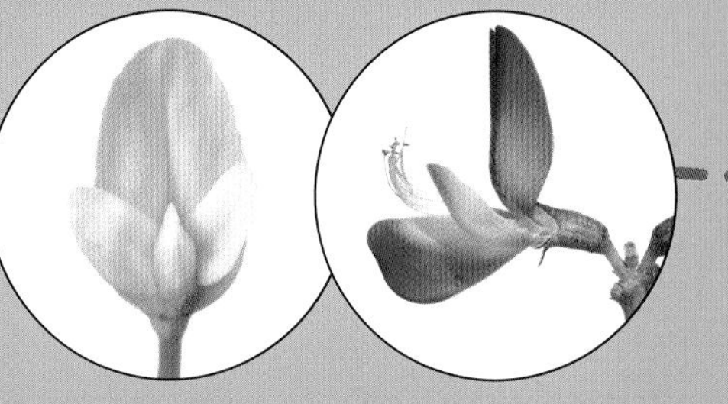

토끼풀의 흰색 꽃과 자운영의 자주색 꽃은
모두 나비를 닮았어요.

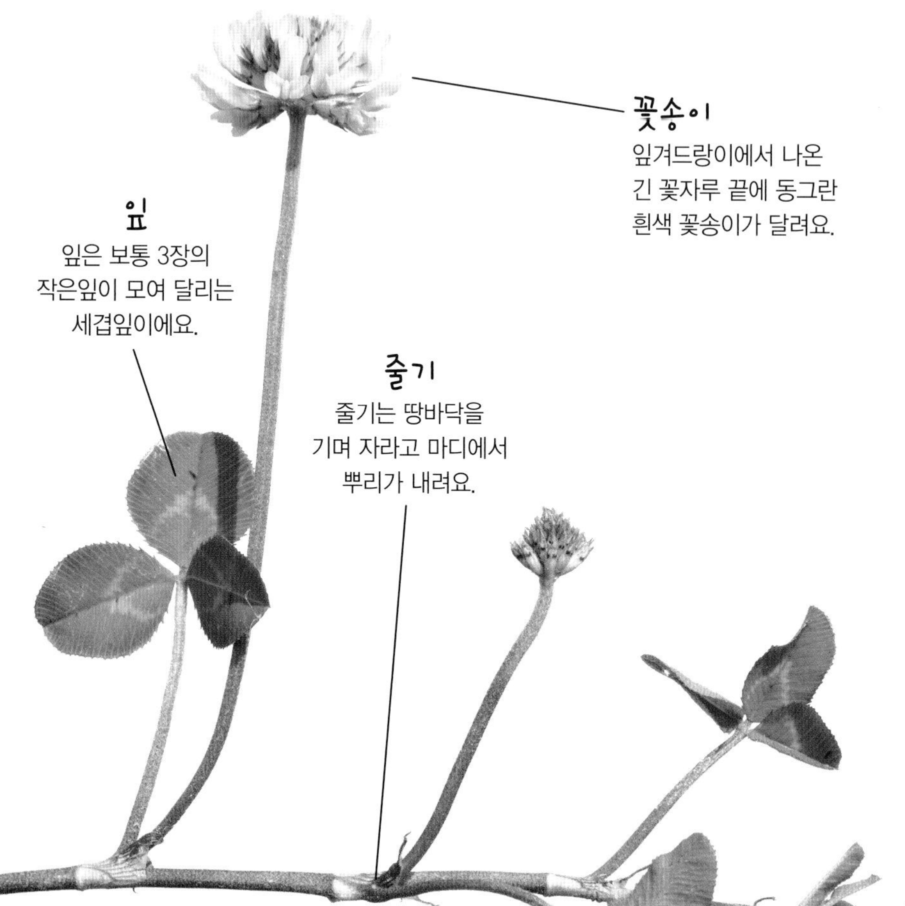

꽃송이
잎겨드랑이에서 나온
긴 꽃자루 끝에 동그란
흰색 꽃송이가 달려요.

잎
잎은 보통 3장의
작은잎이 모여 달리는
세겹잎이에요.

줄기
줄기는 땅바닥을
기며 자라고 마디에서
뿌리가 내려요.

토끼풀

네잎클로버
작은잎이 4장인 잎은
'네잎클로버'라고 하는데
행운을 상징해요.

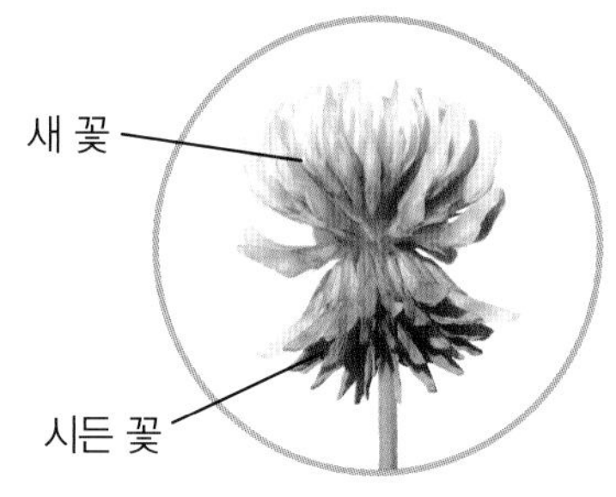

꽃의 지혜
꽃가루받이가 끝난
시든 꽃은 밑으로 처져서
곤충이 새 꽃을 쉽게
찾을 수 있도록 도와줘요.

토끼풀은…

목장의 목초로 기르던 것이 퍼져 나가 들과 산에서 자라고 있어요. 특히 토끼가 잘 먹기 때문에 '토끼풀'이라고 하며 영어 이름대로 '클로버'라고도 해요.

자운영은…

들에서 자라요. 논이나 밭에 심어 기른 다음에 그대로 갈아 엎어서 곡식의 거름으로 쓰는데 흔히 '풋거름'이라고 해요. 봄에 어린잎을 나물로 먹어요.

③ 잎 모양이 달라요

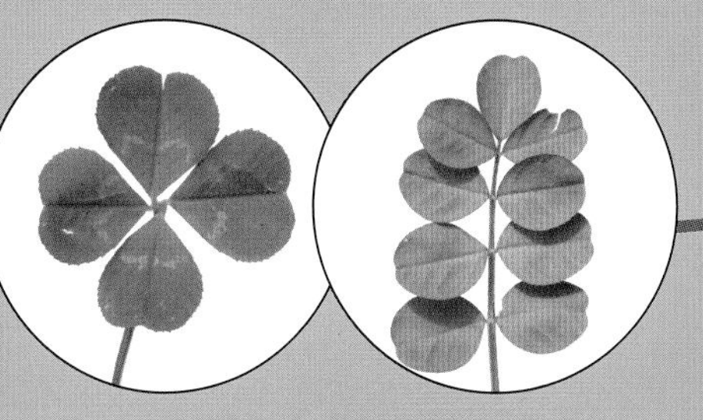

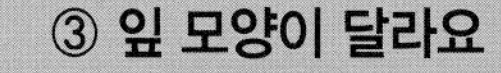

토끼풀은 3장의 작은잎이 모여 달리고, 자운영은 작은잎이 새깃처럼 마주 붙어요.

④ 열매 모양이 달라요

토끼풀의 꼬투리 열매는 모두 밑으로 처지고, 자운영의 기다란 꼬투리 열매는 모여 달려요.

뿌리혹박테리아

자운영 뿌리에 기생하는 뿌리혹박테리아는 땅을 기름지게 만들어요.

자운영 꽃밭

자운영이 자란 다음 논밭을 갈아 엎고 농사를 지으면 뿌리혹박테리아가 거름 역할을 해서 농사가 잘 돼요.

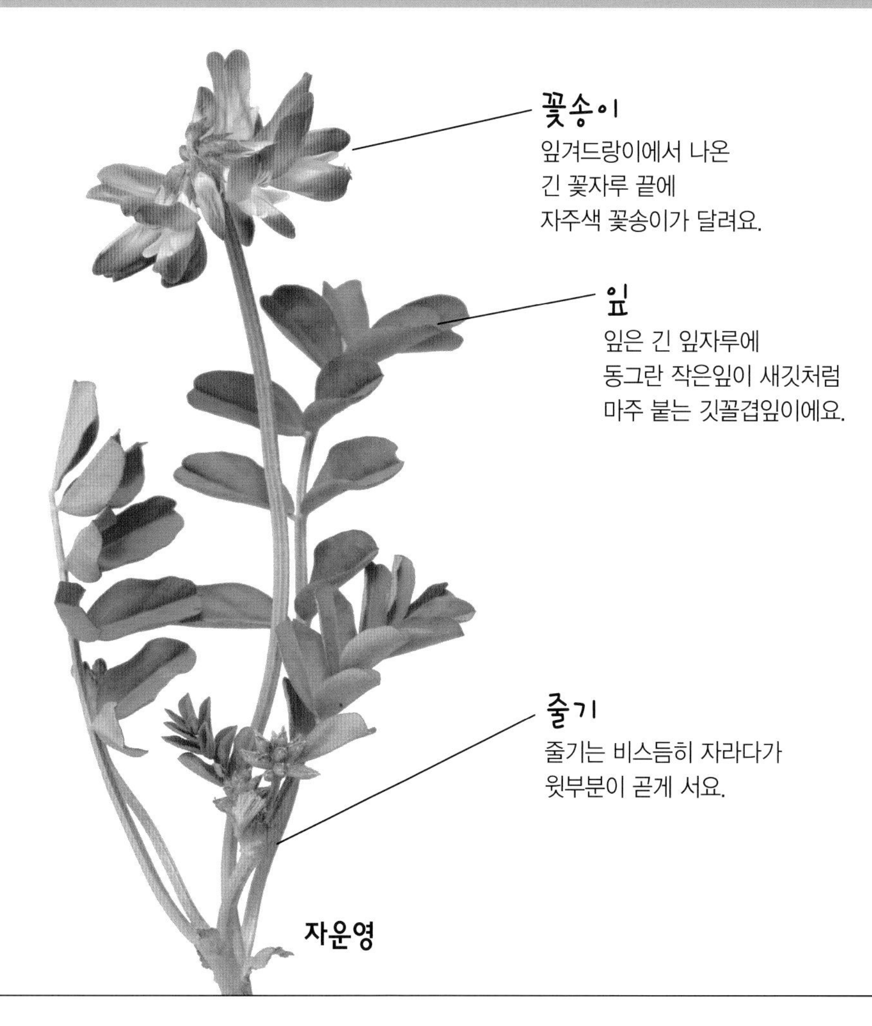

자운영

오이와 참외

오이와 참외는 가까운 친척으로 깔때기 모양의 꽃 밑에 어린 열매가 달리는 점이 같아요. 오이는 기다란 원기둥 모양의 열매가 열리지만, 참외는 타원형의 열매가 열려요.

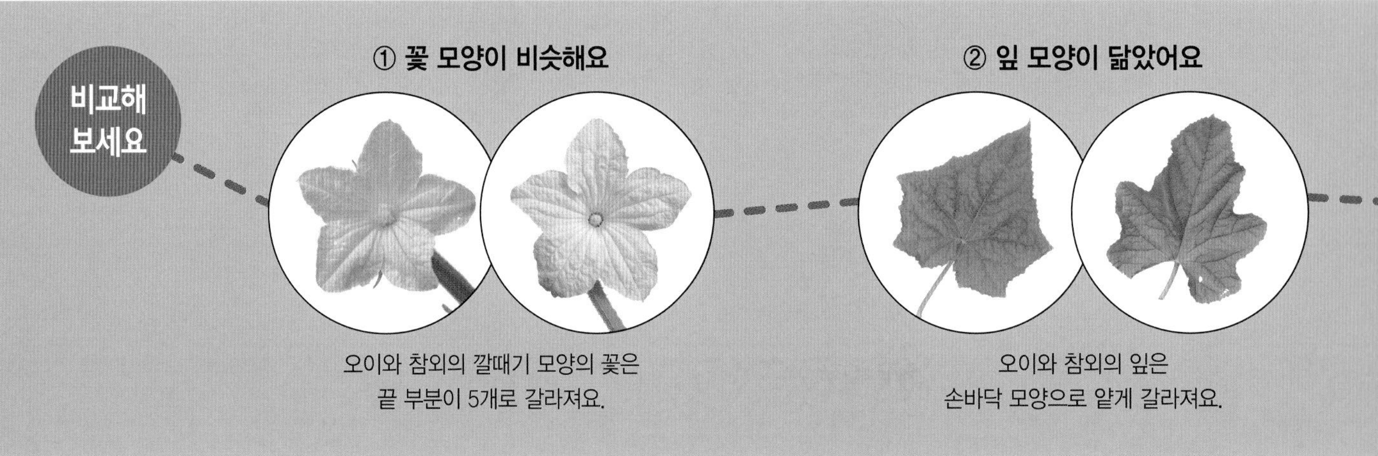

오이와 참외의 깔때기 모양의 꽃은
끝 부분이 5개로 갈라져요.

오이와 참외의 잎은
손바닥 모양으로 얕게 갈라져요.

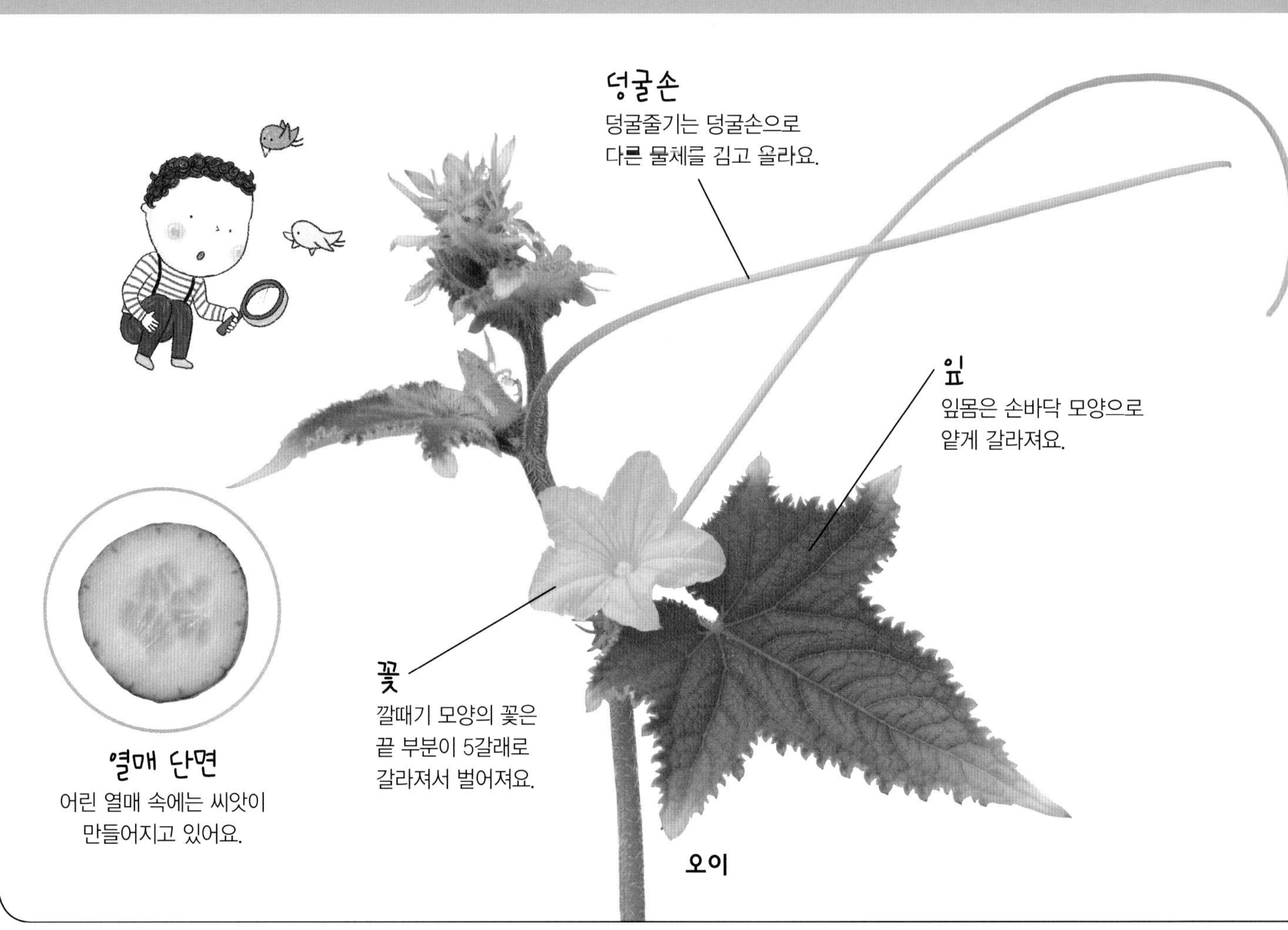

오이는…

밭에 심어 길러요. 어린 초록색 열매를 따서 반찬으로 하는데 오이지, 오이소박이, 샐러드를 만들어 먹어요. 어린 열매를 이용해 피부 마사지도 해요.

참외는…

밭에 심어 길러요. 노란색 열매는 맛과 향이 뛰어나요. 오이와 비슷하지만 맛이 좋아서 진짜 오이라는 뜻으로 '참오이'라고 부르던 것이 변해 '참외'가 되었어요.

③ 어린 열매의 모양이 달라요

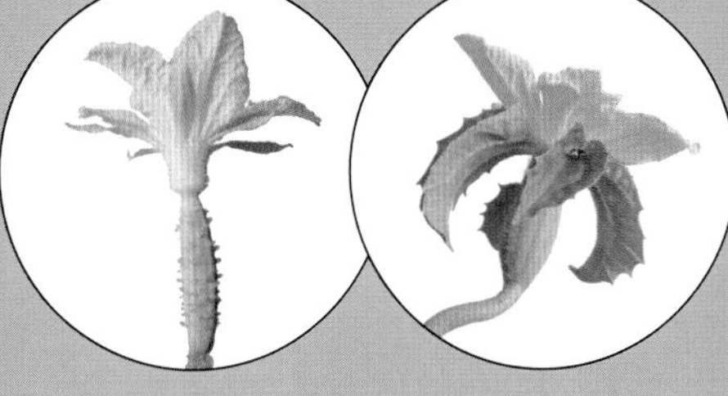

오이의 꽃 밑에 기다란 어린 오이가 있고,
참외의 꽃 밑에 타원형의 어린 참외가 있어요.

④ 열매 모양이 달라요

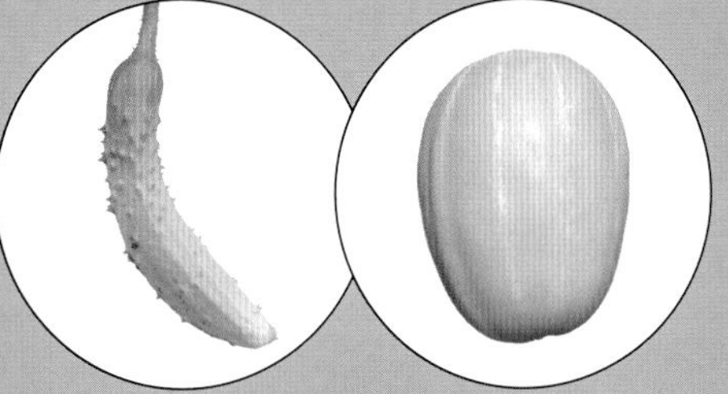

오이의 기다란 열매 겉은 우툴두툴하고,
참외의 타원형 열매는 노란색으로 익어요.

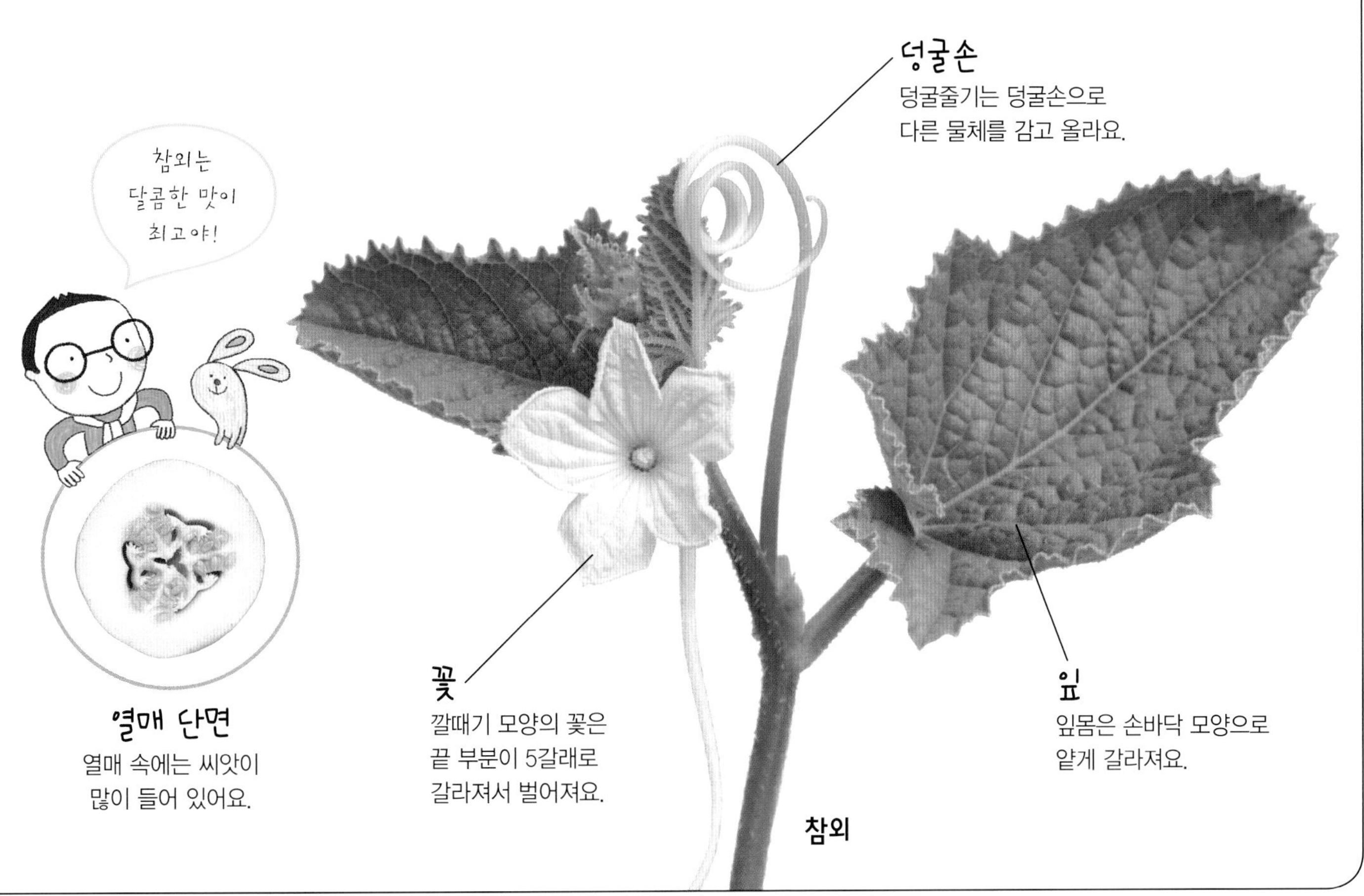

글 · 사진 윤주복

식물생태연구가이며, 자연이 주는 매력에 빠져 전국을 누비며 꽃과 나무가 살아가는 모습을 사진에 담고 있습니다.
저서로는 《봄여름가을겨울 식물도감》, 《봄여름가을겨울 나무도감》, 《식물 학습 도감》, 《나뭇잎 도감》,
《나무 해설 도감》, 《우리나라 나무 도감》, 《APG 나무 도감》, 《APG 풀 도감》, 《쉬운 식물책》, 《나무 쉽게 찾기》,
《겨울나무 쉽게 찾기》, 《열대나무 쉽게 찾기》, 《들꽃 쉽게 찾기》, 《화초 쉽게 찾기》 등이 있습니다.

그림 류은형

서울과학기술대학교 조형예술학과를 졸업하였으며 교과서, 동화책, 학습지 등의 다양한 분야에서
왕성한 활동을 하고 있습니다. 아이들의 감성을 자극하는 아기자기하고 예쁜 그림들을 선보이고 있습니다.
그린 책으로 《어린이 동식물 이름 비교 도감》, 《어린이 물고기 비교 도감》, 《엉뚱한 공선생과 자연탐사반》,
《직업 스티커 도감》, 《세계 국기 스티커 도감》, 《처음 만나는 사자소학》, 《처음 만나는 명심보감》 등이 있습니다.

어린이 식물 비교 도감

1쇄 – 2014년 6월 10일
6쇄 – 2021년 10월 10일
글 · 사진 – 윤주복
그림 – 류은형
발행인 – 허진
발행처 – 진선출판사(주)
편집 – 김경미, 이미선, 권지은, 최윤선, 구연화
디자인 – 고은정, 김은희
총무 · 마케팅 – 유재수, 나미영, 김수연, 허인화
주소 – 서울시 종로구 삼일대로 457 (경운동 88번지) 수운회관 15층
전화 (02)720-5990 팩스 (02)739-2129
홈페이지 www.jinsun.co.kr
등록 – 1975년 9월 3일 10-92

※ 책값은 뒤표지에 있습니다.

ISBN 978-89-7221-866-1 64400
ISBN 978-89-7221-826-5 (세트)

진선아이는 진선출판사의 어린이책 브랜드입니다.
마음과 생각을 키워 주는 책으로 어린이들의 건강한 성장을 돕겠습니다.